基礎アナログ回路

小島正典・高田 豊 著

米田出版

序　文

　近年のインフォメーション・テクノロジーの発達はめざましく、どの家庭にもマイコンを組み込んだ製品がある。マイコンを数えあげると、時計からパソコンに至るまで100を超えるであろう。日常生活は、コンピュータ抜きでは考えられなくなってしまった。このようなコンピュータエージの到来には、1947年に発明されたトランジスタや、それに続く集積回路が、回路の小型化・高集積化の点で大きく寄与したことはいうまでもない。

　真空管式ラジオは、比較的に簡単な回路機能であっても、現在のデスクトップ・パソコンほどの大きさが必要であった。1950年代末以降のトランジスタ化により、ポケットに入るサイズのラジオが実現した。1960年代の後半には、トランジスタ、キャパシタ、抵抗を数mm角のシリコン上につくりこんだ、アナログ集積回路の応用がテレビなどで始まった。

　"Eniac"や"Colossus"など電子計算機の原型といわれる装置ではもちろん、その後の初期の電算機で使用されたロジック回路は、リレーや真空管で構成されたものであった。1964年になって初めて、トランジスタによるロジック回路を使った卓上形計算機が出現し、ロジックの集積回路化によるポケッタブル電卓は、1960年代の後半に製品化されている。そして、1971年にはMOSトランジスタを組み込んだ集積回路である電卓用マイコンが開発された。いまでは、日本中に100億個以上のマイコンが存在するともいわれている。

　半導体のロジック回路では、入出力が電源電圧に近いと"1"とし、アースの電圧に近いと"0"とすることでディジタル処理を行っている。したがって、"0"と"1"の間の遷移動作やロジック回路と他の回路を接続するときは、アナログ回路として動作を分析する必要がある。また、ディジタル信号処理においては、ADコンバータやDAコンバータを用いてアナログ信号とのインターフェースを取っている。ディジタル機器間の接続においても、アナログ信号でのインターフェースを要求されることもある。

序文

　CATVや衛星におけるディジタルテレビ放送のセットトップボックスとテレビ受信機間の接続ではアナログの複合映像信号を伝送し、パソコンとモニタ間を繋ぐのに、アナログのRGB映像信号でインターフェースするのが一般的である。したがって、コンピュータサイエンスや情報科学あるいは情報工学を、より深く学び、より有効に応用するにあたって、アナログ回路をよく理解しておくことが重要であることがわかる。

　アナログ回路の教科書や参考書の多くは、冒頭、トランジスタの説明から始まることが多い。大学において、電気系の学科では「電気回路」でその基礎を教わるからまだしも、情報系の学科では、十分な基礎知識を持たずに「アナログ回路」を履修し、取り付きの悪さに悩まされることがある。そこで本書は、まずインピーダンスや伝達関数から始めて、トランジスタ回路を学び、より高度なオペアンプ回路や変復調回路などに進む構成としている。そして、続いて学習する「ディジタル回路」のために、アナログとディジタルのインターフェースに必要な知識が習得できるようにした。

　各章は、基本的な解説の節があり、続いて問題を示し解答を付している。解答は読者の理解を助けるため、原理的な文字式と、桁記号を含む代入計算と、単位を付した結果を示した。計算は有効数字3桁で行うのを原則としている。したがって、$\pi : 3.14159\cdots\cdots$ は 3.14、$e : 2.71828\cdots\cdots$ は 2.72 とし、他もこれに準じて計算している。さらに一般的な素養を得る手助けとして、主要な部品や回路についての知識の節を設けている。

　本書によって、アナログ回路をマスターし、ディジタル回路の理解も深めていただければ幸いである。

2003年3月

著者

目　次

序　文

第1章　直流回路 ——————————— 1

1.1　オームの法則　1
　1.1.1　オームの法則と単位　1
　1.1.2　ランプの点灯　2
　1.1.3　オームの法則の計算　3

1.2　キルヒホッフの第1法則　3
　1.2.1　抵抗の並列接続　3
　1.2.2　ランプの並列点灯　4
　1.2.3　並列抵抗の計算　5

1.3　キルヒホッフの第2法則　5
　1.3.1　抵抗の直列接続　5
　1.3.2　電池の内部抵抗と等価回路　6
　1.3.3　直列抵抗の計算　7

1.4　電池の知識　8
　1.4.1　電池の原理　8
　1.4.2　一次電池　9
　1.4.3　二次電池　10

1.5　抵抗器の知識　11
　1.5.1　抵抗値とカラーコード　11
　1.5.2　抵抗器のいろいろ　13

第2章　交流回路 ——————————— 15

2.1　交流のはたらき　15
　2.1.1　交流におけるオームの法則　15

2.1.2　交流の応用例　*16*
2.1.3　交流の計算　*16*

2.2　インダクタのはたらき　*17*
2.2.1　解説　*17*
2.2.2　低音スピーカ回路　*18*
2.2.3　低音スピーカ回路の計算　*19*

2.3　キャパシタのはたらき　*19*
2.3.1　解説　*19*
2.3.2　高音スピーカ回路　*20*
2.3.3　高音スピーカ回路の計算　*21*

2.4　複素数平面　*22*
2.4.1　インピーダンス　*22*
2.4.2　直列インピーダンス　*23*
2.4.3　インピーダンスの計算　*23*

2.5　記号演算法の知識　*24*
2.5.1　記号演算法とは　*24*
2.5.2　ベクトルの四則演算と並列インピーダンスの計算　*25*
2.5.3　複素平面を用いた記号演算法の拡張　*27*

2.6　キャパシタとインダクタの知識　*28*
2.6.1　キャパシタのはたらき　*28*
2.6.2　いろいろなキャパシタ　*30*
2.6.3　インダクタとそのはたらき　*31*
2.6.4　いろいろなインダクタ　*34*

第3章　フィルタ　——————————*37*

3.1　伝達関数　*37*
3.1.1　フィルタの基本回路　*37*
3.1.2　減衰器　*39*
3.1.3　減衰器の計算　*39*

3.2　ローパスフィルタ　*40*
3.2.1　ローパスフィルタ回路　*40*

3.2.2　低音スピーカ回路　*42*

　　　3.2.3　低音スピーカ回路の計算　*43*

　3.3　ハイパスフィルタ　*43*

　　　3.3.1　ハイパスフィルタ回路　*43*

　　　3.3.2　高音スピーカ回路　*45*

　　　3.3.3　高音スピーカ回路の計算　*45*

　3.4　バンドパスフィルタ　*46*

　　　3.4.1　バンドパスフィルタ回路　*46*

　　　3.4.2　AMラジオの選局　*48*

　　　3.4.3　選局の計算　*49*

　3.5　ノッチフィルタ　*49*

　　　3.5.1　ノッチフィルタ回路　*50*

　　　3.5.2　テレビの水平妨害除去　*51*

　　　3.5.3　ノッチフィルタの計算　*52*

　3.6　ディジタルフィルタの知識　*53*

　　　3.6.1　ディジタルフィルタとは　*53*

　　　3.6.2　遅延前後の伝達関数　*53*

　　　3.6.3　ディジタル・ローパスフィルタ　*54*

　　　3.6.4　ディジタル・ハイパスフィルタ　*56*

第4章　パルス回路 ——————————— *57*

　4.1　積分回路　*57*

　　　4.1.1　積分回路の構成　*57*

　　　4.1.2　画質調整回路（ソフト）　*59*

　　　4.1.3　積分回路の計算　*60*

　4.2　微分回路　*60*

　　　4.2.1　微分回路の構成　*60*

　　　4.2.2　画質調整回路（クリア）　*62*

　　　4.2.3　微分回路の計算　*63*

　4.3　映像信号の知識　*63*

　　　4.3.1　テレビジョンのしくみとパルス技術　*63*

4.3.2　テレビジョンの水平偏向回路　*64*

4.3.3　アナログ TV の同期分離回路　*66*

第5章　ダイオード ———————————————— *69*

5.1　ダイオードの特性　*69*

5.1.1　ダイオードのはたらき　*69*

5.1.2　ダイオードの等価回路　*70*

5.1.3　ダイオードの計算　*71*

5.2　整流回路　*72*

5.2.1　整流回路の構成　*72*

5.2.2　整流回路の波形　*72*

5.2.3　整流回路の計算　*73*

5.3　ダイオードの知識　*74*

5.3.1　p 型半導体と n 型半導体　*74*

5.3.2　p 型半導体と n 型半導体とを接合させたダイオード　*76*

5.3.3　ダイオードに電圧を印加する　*77*

5.3.4　いろいろなダイオード　*78*

第6章　バイポーラトランジスタ ———————————————— *79*

6.1　バイポーラトランジスタの特性　*79*

6.1.1　トランジスタのはたらき　*79*

6.1.2　トランジスタの等価回路　*80*

6.1.3　トランジスタの計算　*81*

6.2　コレクタ接地増幅回路　*82*

6.2.1　コレクタ接地の回路構成　*82*

6.2.2　コレクタ接地の回路動作　*82*

6.2.3　コレクタ接地の計算　*83*

6.3　エミッタ接地増幅回路　*84*

6.3.1　エミッタ接地の回路構成　*84*

6.3.2　エミッタ接地の回路動作　*84*

6.3.3　エミッタ接地の計算　*85*

目次

 6.4 ベース接地増幅回路 *86*
  6.4.1 ベース接地の回路構成 *86*
  6.4.2 ベース接地の回路動作 *86*
  6.4.3 ベース接地の計算 *87*
 6.5 バイポーラトランジスタの知識 *88*
  6.5.1 npn トランジスタの構造とはたらき *88*
  6.5.2 pnp トランジスタ *89*
  6.5.3 半導体デバイスの型名の付け方 *90*

第 7 章 MOS トランジスタ —————— *93*

 7.1 MOS トランジスタの特性 *93*
  7.1.1 MOS トランジスタのはたらき *93*
  7.1.2 MOS トランジスタの等価回路 *94*
  7.1.3 MOS トランジスタの計算 *96*
 7.2 ドレイン接地 *96*
  7.2.1 ドレイン接地の回路構成 *96*
  7.2.2 ドレイン接地の回路動作 *97*
  7.2.3 ドレイン接地の計算 *97*
 7.3 ソース接地 *98*
  7.3.1 ソース接地の回路構成 *98*
  7.3.2 ソース接地の回路動作 *98*
  7.3.3 ソース接地の計算 *99*
 7.4 ゲート接地 *100*
  7.4.1 ゲート接地の回路構成 *100*
  7.4.2 ゲート接地の回路動作 *100*
  7.4.3 ゲート接地の計算 *101*
 7.5 MOS トランジスタの知識 *102*
  7.5.1 電界効果トランジスタ *102*
  7.5.2 MOS 電界効果トランジスタ *104*

第8章　差動増幅 ——————————————————— 107

8.1　バイポーラトランジスタの差動増幅　107
- 8.1.1　差動増幅回路の構成　107
- 8.1.2　差動増幅回路の動作　108
- 8.1.3　トランジスタ差動増幅回路の計算　109

8.2　MOSトランジスタの差動増幅　110
- 8.2.1　差動増幅回路の構成　110
- 8.2.2　差動増幅回路の動作　110
- 8.2.3　MOS差動増幅回路の計算　111

8.3　集積回路の知識　112
- 8.3.1　ICの開発史　112
- 8.3.2　バイポーラICの構造とプロセス　113
- 8.3.3　CMOS ICの構造の概要　115
- 8.3.4　アナログICが使われる分野　116
- 8.3.5　ICのパッケージ　117

第9章　負帰還回路 ——————————————————— 119

9.1　反転増幅　119
- 9.1.1　反転増幅回路の構成　119
- 9.1.2　反転増幅によるスピーカの駆動　120
- 9.1.3　計算　121

9.2　非反転増幅　122
- 9.2.1　非反転増幅回路の構成　122
- 9.2.2　非反転増幅によるスピーカの駆動　122
- 9.2.3　計算　123

9.3　オペアンプの知識　124
- 9.3.1　オペアンプが登場するまで　124
- 9.3.2　オペアンプの基本構成　124
- 9.3.3　オペアンプの他の応用例　126

第10章　アクティブフィルタ ─────────── 129

10.1　ローパスフィルタ　129
- 10.1.1　反転増幅型ローパスフィルタ　129
- 10.1.2　高音の音質調整　130
- 10.1.3　音質調整の計算（高音）　131

10.2　ハイパスフィルタ　131
- 10.2.1　反転増幅型ハイパスフィルタ　131
- 10.2.2　低音の音質調整　132
- 10.2.3　音質調整の計算（低音）　133

10.3　遅延フィルタの知識　133
- 10.3.1　遅延フィルタの構成　134
- 10.3.2　遅延フィルタの特性　134

10.4　二次アクティブフィルタの知識　135
- 10.4.1　オペアンプを用いた二次アクティブフィルタ　135
- 10.4.2　アクティブ・二次ローパスフィルタ　136
- 10.4.3　アクティブ・二次ハイパスフィルタ　138

第11章　発振回路 ─────────────── 141

11.1　マルチバイブレータ　141
- 11.1.1　オペアンプを使ったマルチバイブレータ　141
- 11.1.2　発振波形の解析　142
- 11.1.3　マルチバイブレータの計算　143

11.2　コルピッツ発振回路　143
- 11.2.1　MOSトランジスタによるコルピッツ発振　143
- 11.2.2　発振のしくみ　144
- 11.2.3　コルピッツ発振回路の計算　146

11.3　CR発振回路の知識　147
- 11.3.1　ウイーンブリッジ発振回路の構成　147
- 11.3.2　発振のしくみ　148

11.4　水晶振動子の知識　149
- 11.4.1　水晶振動子とは　149

　　　　　　　　　　　　　目　　次

　　11.4.2　その他の圧電部品　*150*

第12章　変復調回路 ―――――――――――――――― *151*

12.1　振幅変調回路　*151*

　12.1.1　振幅変調の原理　*151*

　12.1.2　差動増幅による振幅変調　*152*

　12.1.3　振幅変調の計算　*154*

12.2　振幅変調の復調　*155*

　12.2.1　包絡線復調回路　*155*

　12.2.2　復調回路の波形　*155*

　12.2.3　復調の計算　*156*

12.3　周波数変調の知識　*157*

　12.3.1　周波数変調とは　*157*

　12.3.2　ワイヤレスマイクによる周波数変調　*158*

　12.3.3　周波数変調の復調　*158*

12.4　放送における変調の知識　*161*

　12.4.1　変調はなぜ必要か　*161*

　12.4.2　以前から放送で用いられてきたAM変調　*162*

　12.4.3　FM放送　*164*

12.5　ディジタル変調の知識　*164*

　12.5.1　QPSKの変調　*165*

　12.5.2　QPSK変復調の実際　*166*

第13章　論理回路 ――――――――――――――――――― *169*

13.1　TTL論理ゲート回路　*169*

　13.1.1　TTL論理ゲート回路の構成　*169*

　13.1.2　TTLの動作　*170*

　13.1.3　TTLの計算　*170*

13.2　CMOS論理ゲート回路　*171*

　13.2.1　CMOS論理ゲート回路の構成　*171*

　13.2.2　CMOS伝送ゲート回路　*173*

        13.2.3　CMOS 論理ゲートの計算　*176*
    13.3　論理ゲートの知識　*176*
        13.3.1　論理ゲートの種類と記号　*176*
        13.3.2　フリップフロップ回路の基本　*177*
        13.3.3　フリップフロップの種類と記号　*179*

第 14 章　AD 変換 DA 変換─────────────── *181*

14.1　AD 変換　*181*
    14.1.1　AD 変換の方法　*181*
    14.1.2　並列比較型 AD 変換　*183*
    14.1.3　映像の AD 変換　*183*
    14.1.4　AD 変換の計算　*184*
14.2　DA 変換　*184*
    14.2.1　DA 変換の方法　*184*
    14.2.2　電流加算型 DA 変換　*185*
    14.2.3　映像の DA 変換　*186*
    14.2.4　DA 変換の計算　*187*
14.3　AD 変換 DA 変換の知識　*187*
    14.3.1　逐次比較型 AD 変換　*187*
    14.3.2　ラダー抵抗型 DA 変換　*188*

参考文献　*189*

事項索引　*191*

第 1 章
直 流 回 路

情報機器はすべて電源を持っている。たとえば、多くのディジタルカメラでは単3形電池を使う。この章では、電池を電源にした直流回路を例にとり、その動作を学ぶ。

直流は一定の向きに流れる電流のことであり、DC（direct current）とも呼ばれる。

1.1 オームの法則

オーム（Ohm）の法則と単位および桁記号（接頭語）を学ぶ。これにより電池を使ったランプの点灯回路の動作を調べる。

1.1.1 オームの法則と単位

電源に抵抗を接続した回路を図1.1に示す。このように電源に接続されるものを総称して**負荷**という。電源の負荷は抵抗であり、負荷抵抗 R には負荷電流 I が流れている。

図1.1において、オームの法則はつぎのように表すことができる。ここで比例定数が抵抗（抵抗値）である。

抵抗の両端の電圧は電流に比例する。

この回路の動作は（1.1）式のように表すことができる。

$$V = RI \qquad \cdots(1.1)$$

つぎに、記号と単位を示す。

電圧　V：ボルト　　（V：Volt）
電流　I：アンペア　（A：Ampere）

抵抗 R：オーム　　（Ω：Ohm）

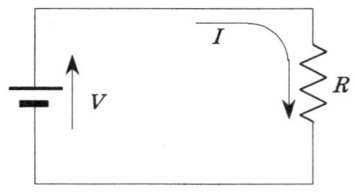

図 1.1　電源と抵抗の接続

実際の回路の計算で使う物理量の桁は、$10^{-12} \sim 10^9$ に達するので、表 1.1 に示す桁記号を使うと便利である。

表 1.1　桁を表す記号（接頭語）の一覧表

倍数	記号	呼称	
10^9	G	giga	ギガ
10^6	M	mega	メガ
10^3	k	kiro	キロ
10^{-3}	m	mili	ミリ
10^{-6}	μ	micro	マイクロ
10^{-9}	n	nano	ナノ
10^{-12}	p	pico	ピコ

1.1.2　ランプの点灯

電池でランプを点灯させるときの実体図を図 1.2 に示す。電池を電源、ランプを抵抗とみなすと、図 1.1 が回路図となる。

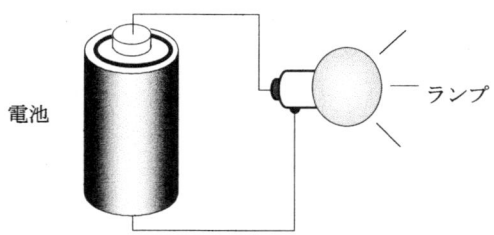

図 1.2　電池によるランプの点灯

1.1.3 オームの法則の計算

(1) $8\,\text{k}\Omega$ の抵抗に $300\,\mu\text{A}$ の電流が流れている。抵抗の電圧を求めよ。

  文字式 $V = RI$
  計算式 $8\,\text{k} \times 300\,\mu = 2400\,\text{m}$
  結果 2.4 V
  説明 ・A と Ω は省略してよい。省略しても結果は V となる。
     ・$\text{k} \times \mu = \text{m}$
     ・数値が 1000 以上なら桁記号を見直して 10^3 上げる。

(2) $40\,\text{k}\Omega$ の抵抗に $10\,\text{mV}$ の電圧を加えた。電流を求めよ。

  文字式 $I = V/R$
  計算式 $10\,\text{m}\,/\,40\,\text{k} = 0.25\,\mu$
  結果 250 nA
  説明 ・$\text{m}/\text{k} = \mu$
     ・数値が 1 以下なら桁記号を見直して 10^3 下げる。

(3) 1.5 V の電池にランプを接続すると電流が 250 mA 流れた。ランプの抵抗を求めよ。

  文字式 $R = V/I$
  計算式 $1.5/250\,\text{m} = 0.006\,\text{k}$
  結果 6 Ω
  説明 ・$1/\text{m} = \text{k}$

1.2 キルヒホッフの第1法則

キルヒホッフ（Kirchhoff）の第1法則と並列の**合成抵抗**について学ぶ。

1.2.1 抵抗の並列接続

電源に抵抗を並列に接続した回路を図 1.3 に示す。**接点**（接続点）では、つぎのキルヒホッフの第1法則（電流則）が成立する。

接点に流れ込む電流の和は零である。

接点 N に適用すると、(1.2) 式のように表すことができる。

$$I - I_1 - I_2 = 0 \quad \cdots(1.2)$$

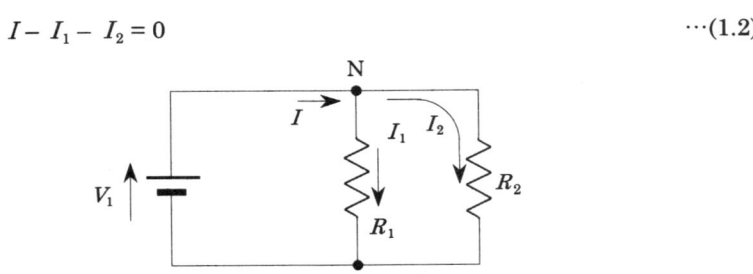

図 1.3　抵抗の並列接続

R_1 と R_2 を並列にした合成抵抗 R_P は、(1.2) 式を使って (1.3) 式のように表すことができる。

$$\begin{aligned}R_\mathrm{P} &= \frac{V_1}{I} \\ &= \frac{V_1}{I_1 + I_2} \\ &= \frac{V_1}{V_1/R_1 + V_1/R_2} \\ &= \frac{1}{1/R_1 + 1/R_2}\end{aligned} \quad \cdots(1.3)$$

これはつぎのように変形してもよい。

$$R_\mathrm{P} = \frac{R_1 R_2}{R_1 + R_2} \quad \cdots(1.4)$$

1.2.2　ランプの並列点灯

電池でランプ 1 とランプ 2 を並列に接続して点灯させる。実体図を図 1.4 に示す。回路図は図 1.3 となる。

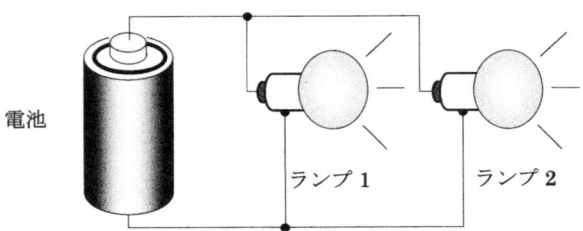

図 1.4　電池によるランプの並列点灯

第1章 直流回路

1.2.3 並列抵抗の計算

(1) $R_1 = 1\,\mathrm{M\Omega}$、$R_2 = 1.5\,\mathrm{M\Omega}$ を並列にした。合成抵抗を求めよ。

  文字式 $R_\mathrm{P} = R_1 R_2 / (R_1 + R_2)$
  計算式 $1\,\mathrm{M} \times 1.5\,\mathrm{M}/(1\,\mathrm{M} + 1.5\,\mathrm{M}) = 0.6\,\mathrm{M}$
  結果 $600\,\mathrm{k\Omega}$

(2) $R_1 = 500\,\Omega$ である。R_2 を並列に接続して $400\,\Omega$ にしたい。R_2 を求めよ。

  文字式 $R_2 = R_1 R_\mathrm{P} / (R_1 - R_\mathrm{P})$
  計算式 $500 \times 400 / (500 - 400) = 2000$
  結果 $2\,\mathrm{k\Omega}$
  説明 ・(1.3) 式から R_2 を求める。

(3) 1.5 V、100 mA のランプ1と 1.5 V、200 mA のランプ2を 1.5 V の電池に並列接続した。電池に流れる電流を求めよ。

  文字式 $I = I_1 + I_2$
  計算式 $100\,\mathrm{m} + 200\,\mathrm{m} = 300\,\mathrm{m}$
  結果 $300\,\mathrm{mA}$
  説明 ・(1.2) 式から I を求める。

(4) 上記の並列抵抗を求めよ。

  文字式 $R_\mathrm{P} = V_1 / I$
  計算式 $1.5 / 300\,\mathrm{m} = 0.005\,\mathrm{k}$
  結果 $5\,\Omega$

1.3 キルヒホッフの第2法則

キルヒホッフの第2法則と直列の合成抵抗について学ぶ。

1.3.1 抵抗の直列接続

電源に抵抗を直列に接続した回路を図 1.5 に示す。これは3個の**枝路**で1個の**閉路**を構成している。複数の枝路で構成された閉路では、つぎのキルヒホッ

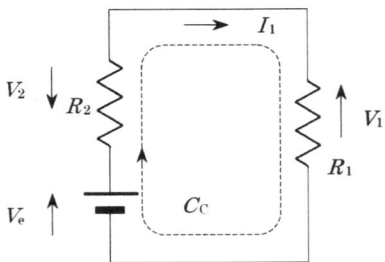

図 1.5　キルヒホッフの第 2 法則

フの第 2 法則（電圧則）が成立する。

閉路を構成する枝路の電圧の和は零である。

閉路 C_C に適用すると、(1.5) 式のように表すことができる。

$$V_e - V_2 - V_1 = 0 \qquad \cdots(1.5)$$

R_1 と R_2 を直列にした合成抵抗 R_S は、(1.5) 式を使って (1.7) 式のように表すことができる。

$$\begin{aligned}R_S &= \frac{V_e}{I_1}\\ &= \frac{V_1 + V_2}{I_1}\\ &= \frac{V_1}{I_1} + \frac{V_2}{I_1}\end{aligned} \qquad \cdots(1.6)$$

したがって、合成抵抗はつぎのようになる。

$$R_S = R_1 + R_2 \qquad \cdots(1.7)$$

1.3.2　電池の内部抵抗と等価回路

電池を**起電力** V_e で内部抵抗が 0 の理想電池と内部抵抗 R_2 で表し、図 1.6 に示した。これを電池の等価回路という。

電流を流さないとき電池の端子電圧は起電力 V_e であるが、電流 I_1 を流したときは電池の内部抵抗 R_2 によって電圧降下 V_2 が起こり V_1 に降下する。電流 I と端子電圧 V の関係をグラフで表すと図 1.7 となる。図 1.5 は電池の等価回路に抵抗 R_1 を接続し、負荷としたときの動作を表している。

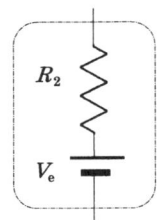
図 1.6 電池の等価回路

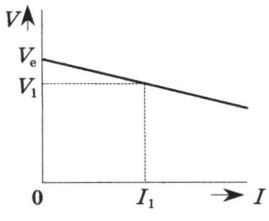
図 1.7 電池の電圧降下

1.3.3 直列抵抗の計算

(1) $R_1 = 1.5\ \mathrm{k\Omega}$、$R_2 = 800\ \Omega$ である。合成抵抗を求めよ。

  文字式 $R_S = R_1 + R_2$
  計算式 $1.5\ \mathrm{k} + 800 = 1.5\ \mathrm{k} + 0.8\ \mathrm{k} = 2.3\ \mathrm{k}$
  結果 $2.3\ \mathrm{k\Omega}$
  説明 ・加減算は桁記号をそろえてから行う。

(2) $500\ \mathrm{m\Omega}$ と直列にして $1.2\ \Omega$ にしたい。直列にする抵抗を求めよ。

  文字式 $R_1 = R_S - R_2$
  計算式 $1.2 - 500\ \mathrm{m} = 1.2 - 0.5 = 0.7$
  結果 $700\ \mathrm{m\Omega}$
  説明 ・加減算は桁記号をそろえてから行う。

(3) 電流を流さないとき $1.65\ \mathrm{V}$ の電池に $100\ \mathrm{mA}$ 流すと $1.5\ \mathrm{V}$ になった。内部抵抗を求めよ。

  文字式 $R_2 = (V_e - V_1)/I_1$
  計算式 $(1.65 - 1.5)/100\ \mathrm{m} = 0.0015\ \mathrm{k}$
  結果 $1.5\ \Omega$
  説明 ・(1.5) 式にもとづいて R_2 を求める。

(4) 上記で電流を $200\ \mathrm{mA}$ 流すと電圧はいくらになるか。

  文字式 $V_1 = V_e - V_2 = V_e - R_2 I_1$
  計算式 $1.65 - 1.5 \times 200\ \mathrm{m} = 1.65 - 300\ \mathrm{m} = 1.35$
  結果 $1.35\ \mathrm{V}$
  説明 ・I_1 が $200\ \mathrm{mA}$ の場合の V_1 を求める。

1.4 電池の知識

1.4.1 電池の原理

電池はいうまでもなく電気エネルギーを取り出す源であり、情報機器や AV 機器でも直流電源やバックアップ用電源として広く用いられている。電池には、太陽電池のように、太陽エネルギーを直接利用して発電するものや熱電子電池など物理電池と呼ばれるものもあり、微生物や酵素などを用いた生物電池もある。ここでは、1800 年のボルタ（A.Volta）による発明以来、改良が重ねられポピュラーになってきた、化学的なエネルギーを電気エネルギーとして取り出せるようにした化学電池についてのみ取り扱うことにする。なお、ボルタはアンペア（A.M.Ampere）とともに、電圧、電流の単位として名を現在に残している。

化学電池の原理は、図 1.8 に示すように、電解液の存在により＋極側ではプラスにイオン化した金属イオンと、−極周辺ではマイナスにイオン化した別の金属イオンを、電池の外部で導線で結ぶことにより、初めて電荷を双方の極に伝達し化学反応が進むようにしたものである。この際、外部の導線を流れる電荷を電気エネルギーとして利用するものである。

化学電池には一次電池と二次電池の二種類がある。化学反応が電池の放電とともに一方向に進行し、電池の寿命が尽きると捨てるタイプのものが**一次電池**、充電により化学反応を可逆的に起こすことができ、充電すれば何回でも使えるようにしたものが**二次電池**である。

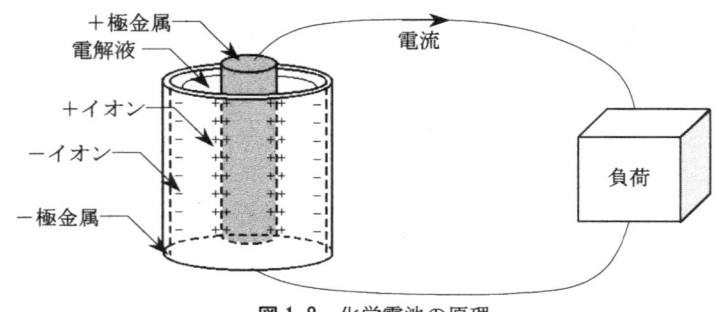

図 1.8 化学電池の原理

電池の発電能力を示す指標に容量がある。I アンペアの電流を P 時間流し続けることができれば、容量は $I \times P$（アンペア・アワー、Ah）で示される。

1.4.2　一次電池

一次電池の中で、乾電池として最もなじみ深い円筒形マンガン乾電池の構造を図 1.9 に示す。マンガン乾電池では、＋極材料には二酸化マンガン（MnO_2）を、集電には炭素棒を用いており、－極には亜鉛（Zn）が使われている。電解液には塩化アンモニウム（NH_4Cl）または塩化亜鉛（$ZnCl_2$）が用いられる。ひとつのセルの起電力は 1.5V であり、容量や形状により単 1 形から単 5 形までの種類がある。また、複数のセルを積層した角形の 9V の製品もある。

アルカリ電池は、＋極、－極の材料はマンガン電池と同じだが、電解液を水酸化カリウム（KOH）に変更し、構造的には、マンガン電池とは逆に－極を中心軸周辺に、＋極を外周に持ってきて、二酸化マンガンや亜鉛の充填量を増やせるようにして、電池の容量を大きくしたものである。円筒形や角形のほかにボタン形のアルカリ電池もある。

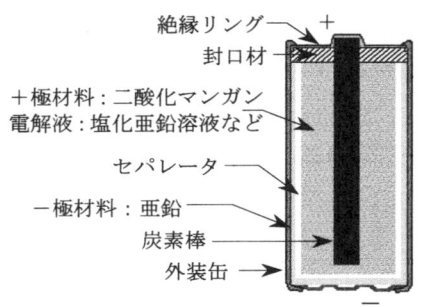

図 1.9　マンガン乾電池の構造

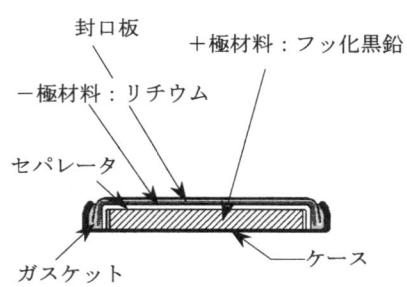

図 1.10　コイン形リチウム電池の構造

リチウム電池は、－極にリチウム（Li）、＋極に二酸化マンガンやフッ化黒鉛などを用い、電解液にはリチウム塩などの非水溶液や有機電解液を使用する。リチウムはイオン化傾向が大きいため、効率がよい電池をつくることができ、リチウム電池の多くの品種の公称電圧は 3V ある。他の電池 2 個分の電圧を得ることができて、スペースファクタに秀でている。リチウム電池には主として

＋極材料の違いや円筒形やコイン形などの外形寸法により、また、一次電池か二次電池かの分類により、いくつかの品種に分れている。コイン形リチウム電池の構造例を図 1.10 に示した。そのほかにも、一次電池には多くの種類が開発されている。その代表的なものを表 1.2 に挙げておく。

表 1.2 代表的な一次電池

電池種別	公称電圧(V)	形状	おもな用途
マンガン乾電池	1.5	円筒形、角形	一般用
アルカリ電池	1.5	円筒形、角形、ボタン形	一般用
アルカリボタン電池	1.5	ボタン形	電卓、ゲームなど
酸化銀電池	1.55	ボタン形	時計用など
二酸化マンガンリチウム電池	3.0	コイン形	メモリーバックアップなど
空気亜鉛電池	1.4	ボタン形	補聴器など

1.4.3 二次電池

充電が可能な二次電池の中では、自動車用の鉛電池が毎日の生活の中で最も役立っているものであろうが、エレクトロニクス製品の中でなじみ深いものを探せば、やはりニカド（Ni-Cd）電池であろう。円筒形ニカド電池の内部構造は図 1.11 に示すように、＋極、－極の箔状の極板はセパレータで隔てられ、電極面積が広くとれるように、ロール状に巻かれて円筒形の外装缶の中に入れられている。

ニカド電池は起電力がやや低く、公称電圧は 1.2V であるが、放電中の電圧

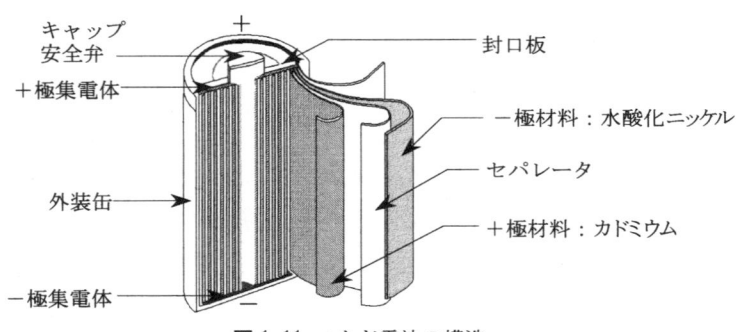

図 1.11 ニカド電池の構造

は比較的安定している。また、放電後、充電を忘れて放置しても、急速に充電を行っても、劣化が少なく信頼性が高い。

ニカド電池とほぼ同じ特長を持ちながら、エネルギー密度を高めて容量をほぼ倍に増加させたのが、ニッケル水素電池である。ニッケル水素電池は、＋極にニッケル水酸化物［$Ni(OH)_2$］などを、－極にはニッケルをベースにした希土類金属を含む水素吸蔵合金を、電解液に水酸化カリウム（KOH）などを用いたものである。充放電時の化学反応には、電解液は直接関与せず、水素が＋極と－極間を往復するのみである点が他の電池と異なっている。－極の水素吸蔵合金は近年になって開発されたもので、体積の1000倍もの水素を金属水素化合物として貯蔵できる。

表1.3には、代表的な二次電池の概要を記した。

表 1.3　代表的な二次電池

電池種別	公称電圧(V)	形状	主な用途
ニカド電池	1.2	円筒形、角形	一般用
ニッケル水素電池	1.2	円筒形、角形、コイン形	一般用、自転車用
リチウム二次電池	3.0	円筒形、角形、ボタン形	電卓、ゲームなど
鉛電池	2.2	箱形など	自動車用など

1.5　抵抗器の知識

1.5.1　抵抗値とカラーコード

銅線などの導体でもわずかばかりの抵抗値があるが、意図的に電気抵抗を大きくした部品が**抵抗器**（resistor）である。抵抗は通常、抵抗の作用、抵抗値、抵抗器の3種の意味があるが、部品の場合には抵抗器と呼ぶ。抵抗器は回路中で、電圧の分割や電圧の降下、電流の制限やキャパシタと組み合わせて時定数を持たせるなどの目的で使用される最もポピュラーな部品である。

抵抗器やキャパシタの値には、E6、E12やE24系列の値がよく用いられる。これらは $\sqrt[6]{10}\fallingdotseq 1.46$、$\sqrt[12]{10}\fallingdotseq 1.21$ および $\sqrt[24]{10}\fallingdotseq 1.10$ の等比系列上の数値を用いるものであり、たとえばE6系列では、1.0のつぎは1.46を丸めた1.5を、そのつぎは 1.46^2 の2.1316を丸めた2.2というように値が定められる。表1.4

表 1.4 E6、E12 および E24 系列標準数値

E6 系列	E12 系列		E24 系列			
1.0	1.0	1.2	1.0	1.1	1.2	1.3
1.5	1.5	1.8	1.5	1.6	1.8	2.0
2.2	2.2	2.7	2.2	2.4	2.7	3.0
3.3	3.3	3.9	3.3	3.6	3.9	4.3
4.7	4.7	5.6	4.7	5.1	5.6	6.2
6.8	6.8	8.2	6.8	7.5	8.2	9.1

に E6、E12 および E24 系列の値を記す。

一部の抵抗器では、抵抗値などを文字で表示する代わりに、色の帯で抵抗器のまわりを塗ってこれらを表示している。表 1.5 にこのカラーコードの読み方を記してある。カラーコードは暗記する以外には判読の手立てがなく、一茶、赤鬼、第三セクター、岸部四郎、嬰児、青二才のろくでなし、紫七（式）部、hyper、whiteX'mas などと暗記法を講じるのも一方法である。

表 1.5 抵抗器のカラーコード表示

カラーコード	第1色帯	第2色帯	第3色帯	第4色帯
	抵抗値の有効数字	抵抗値の有効数字	抵抗値の乗数	抵抗値の許容差(略称)
黒	0		$10^0=1$	-
茶	1		$10^1=10$	±1　(F)
赤	2		10^2	±2　(G)
橙	3		10^3	-
黄	4		10^4	
緑	5		10^5	±0.5　(D)
青	6		10^6	±0.25 (C)
紫	7		10^7	±0.1　(B)
灰	8		10^8	
白	9		10^9	
金	-		10^{-1}	±5　(J)
銀	-		10^{-2}	±10　(K)
例)	第1色帯 茶 1	第2色帯 黒 0	第3色帯 赤 × 10^2 =1kΩ	第4色帯 銀 ±10%

回路中で、抵抗値 R の抵抗器に流れる電流を I とすれば、抵抗器の中では、$I^2 \times R$ の電力が消費され、熱となって放散する。したがって、抵抗器自体も電力に見合ったものを選ぶのは当然ながら、周辺の部品類も、この発熱の影響に配慮することが必要である。

1.5.2 抵抗器のいろいろ

エレクトロニクス製品で必要とされる $mΩ$ から数十 $MΩ$ までの抵抗値と、$1/20W$ 程度から数 W までの電力をカバーするために、各種の抵抗器が製造されている。古くは、炭素と樹脂を練り合わせて鉛筆の芯状にして樹脂の外装を施した、炭素混合体（ソリッド）抵抗がよく用いられていたが、現在は炭素皮膜抵抗などに置き換えられている。

炭素皮膜抵抗は、セラミックの筒の上に炭素皮膜を形成し、電極用のキャップを被せ、炭素皮膜にスパイラル状の溝を切って抵抗値を整えたものである。抵抗値範囲は $1 \sim 3.3MΩ$、消費電力では $1/16 \sim 1/2W$ が主流であるが、特殊なケースでは $2W$ のものもある。そのほか、金属皮膜抵抗器と呼ばれるものは皮膜を金属膜に置き換えたものである。

抵抗で消費する電力が中程度の用途には、酸化金属皮膜抵抗が適している。酸化金属は高温での安定性に優れているため、比較的に小形でありながら、数 W 級まで存在する。大電力用の抵抗器としては、巻線抵抗がある。巻線抵抗はセラミックの棒にニクロム（NiCr）などの抵抗線を巻き付けたもので、図 1.12 の写真は巻線をセラミックのケースに入れて、シリコン樹脂で固めたものであるが、原理的に高抵抗をつくるのは困難である。巻線の外側を琺瑯（ほうろう）でコーティングしたホーロー被覆抵抗もある。

チップ型抵抗器は、ルテニウム（Lu）などの金属粒のペーストをセラミック板上に印刷して焼成する、厚膜抵抗を用いるものが主流であるが、薄膜や金属板を抵抗体として使用するものもある。チップ型抵抗器はその外形寸法から、長さ $1mm$、幅 $0.5mm$ のものを 1005 とする呼び方が一般的である。現在 0603 を最小寸法として、最大 6332（$6.3mm \times 3.2mm$）までが規格化されている。しかし、電力では、小型であるために $2W$ 程度の消費電力のものが最大である。

以上、抵抗値が固定されている固定抵抗器について述べてきたが、ほかにも抵抗値がドライバなどを用いて調整可能な半固定抵抗器や、手で調節ができる

可変抵抗器の類もある。

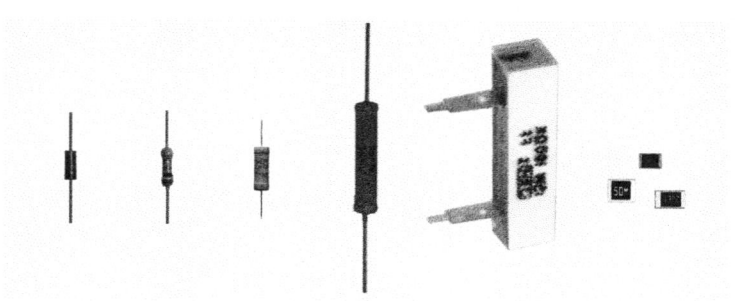

左から炭素混合体（ソリッド）、炭素皮膜、金属皮膜、酸化金属皮膜、角形巻線（セメント）、角チップの各固定抵抗器

図1.12 さまざまな固定抵抗器

第 2 章
交 流 回 路

　交流は周期的に変化する電流であり、AC（alternating current）とも呼ばれる。音声、映像、データなどの情報は正弦波で構成された交流の電気信号で伝送される。この章では、交流と**インダクタ**（inductor）および**キャパシタ**（capacitor）のはたらきを学ぶ。

2.1 交流のはたらき

　交流の**振幅**や**周波数**など基本事項を学び、オームの法則が交流に拡張できることを知る。また、交流の実用的な用途を調べる。

2.1.1 交流におけるオームの法則

　交流の電源に抵抗を接続し負荷とした回路を図 2.1 に示す。電圧は**角周波数**が ω の正弦波であり、(2.1) 式で表す。また電流を (2.2) 式で表す。
　電圧、抵抗、電流にはオームの法則により $V = RI$ の関係があるから、(2.3) 式により交流の振幅についてもオームの法則が成り立つことがわかる。図 2.2 に**波形**を示す。

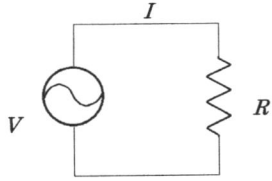

図 2.1　交流電源と抵抗の接続

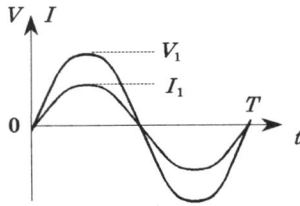

図 2.2　交流の波形

$$V = V_1 \sin \omega t \quad \cdots(2.1)$$
$$I = I_1 \sin \omega t \quad \cdots(2.2)$$
$$V_1 = R I_1 \quad \cdots(2.3)$$

つぎに記号と単位を示す。

  時間 t ：秒 (s : second)
  周期 T ：秒 (s)
  周波数 f ：ヘルツ (Hz : hertz)

また、角周波数 ω と周波数 f および周期 T には以下の関係がある。

$$\omega = 2\pi f \quad \cdots(2.4)$$
$$f = \frac{1}{T} \quad \cdots(2.5)$$

2.1.2 交流の応用例

情報機器などの電力供給源の基本は家庭用交流電源で、**実効値**が 100 V、振幅は 141 V である。周波数は関東で 50 Hz、関西で 60 Hz が利用されている。

映像機器などの音声端子では、20 Hz〜20 kHz の音声情報がケーブルで伝送される。

また、AM 放送では、約 500 kHz〜1.6 MHz の交流が音声情報で振幅変調され、アンテナを通し電波で伝送される。

2.1.3 交流の計算

(1) 50 Hz の家庭用交流電源の周期を求めよ。

  文字式 $T = 1/f$
  計算式 $1/50 = 0.02$
  結果 20 ms
  説明 ・(2.5) 式から求める。
     ・1/Hz = s

(2) 音声端子に振幅 1 V で周期 1 ms の信号が出ている。周波数はいくらか。

  文字式 $f = 1/T$
  計算式 $1/1\,\text{m} = 1\,\text{k}$

結果　1 kHz

(3) 上記の音声端子に抵抗 10 kΩ を接続すると流れる電流の振幅はいくらか。

文字式　$I_1 = V_1/R$

計算式　1/10 k = 0.1 m

結果　100 μA

2.2 インダクタのはたらき

インダクタの持つ**交流抵抗**を調べ、低音スピーカ回路への応用例を学ぶ。

2.2.1 解説

インダクタ (inductor) は銅やアルミニウムの導線を巻いてつくるのでコイル (coil) と呼ばれる。交流電圧を加えるとつぎの式のように、周波数とインダクタンス L に反比例した電流が流れる。そして電流は電圧より位相が $\pi/2$ 遅れる。

インダクタの場合も交流の振幅 V_1 と I_1 について、オームの法則が成り立つことがわかる。(2.8) 式により交流抵抗は ωL である。交流抵抗は**リアクタンス** (reactance) といい、X で表す。

$$V = V_1 \sin \omega t \qquad \cdots (2.6)$$

$$I = I_1 \sin(\omega t - \frac{\pi}{2}) \qquad \cdots (2.7)$$

$$V_1 = \omega L I_1 \qquad \cdots (2.8)$$

つぎに記号と単位を示す。

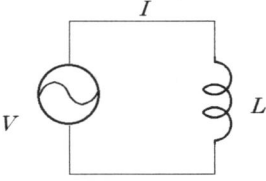

図 2.3　交流電源とインダクタの接続

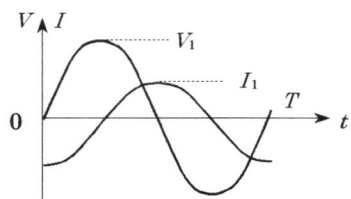

図 2.4　インダクタに流れる電流

インダクタンス　L　：ヘンリー　（H：Henry）
リアクタンス　　X　：オーム　　（Ω）

2.2.2　低音スピーカ回路

2 ウエイ・スピーカ回路の実体図を図 2.5 に示す。増幅器の出力端子にはインダクタ L と直列に低音スピーカが接続されている。この回路によるとつぎに示すように、周波数の低い電流をスピーカに流すことができる。

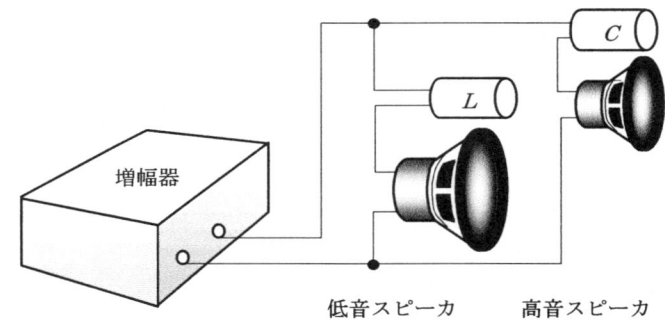

図 2.5　2 ウエイ・スピーカ回路

スピーカを抵抗 R、増幅器を振幅 V_1 の電源とみなすと、低音スピーカ回路は図 2.6 のように表すことができる。

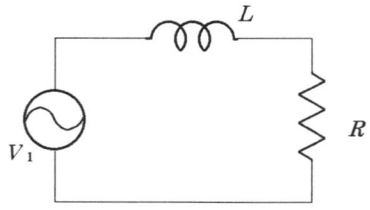

図 2.6　低音スピーカ回路

インダクタの交流抵抗が高周波になると R より大きくなり、スピーカに流れる電流はだんだん遮断される。しかし、低周波では R より小さくなり、電流は通過する。(2.9) 式のように、インダクタの交流抵抗が R と等しいときが、遮断と通過の境界である。この周波数を f_0 とし、カットオフ周波数（cut off frequency）という。角周波数ではω_0と表す。

$$\omega_0 L = R \qquad \cdots(2.9)$$

2.2.3 低音スピーカ回路の計算

(1) 8Ωのスピーカと1.6 mHのインダクタで低音スピーカ回路を構成する。8 kHzにおけるインダクタの交流抵抗を求めよ。

  文字式 ωL
  計算式 $2\pi \times 8\text{ k} \times 1.6\text{ m} = 80.4$
  結果 80.4 Ω
  説明 ・交流抵抗は$\omega L = 2\pi f L$である。
    ・結果から$\omega L \gg R$であることがわかる。

(2) 上記で80 Hzにおけるインダクタの交流抵抗を求めよ。

  文字式 ωL
  計算式 $2\pi \times 80 \times 1.6\text{ m} = 804\text{ m}$
  結果 804 mΩ
  説明 ・結果から$\omega L \ll R$であることがわかる。

(3) 上記のカットオフ周波数を求めよ。

  文字式 $f_0 = \omega_0/2\pi = R/2\pi L$
  計算式 $8/2\pi \times 1.6\text{ m} = 0.796\text{ k}$
  結果 796 Hz
  説明 ・この回路は800 Hz以下の低音用スピーカに適する。

2.3 キャパシタのはたらき

キャパシタの持つ交流抵抗を調べ、高音スピーカ回路への応用例を学ぶ。

2.3.1 解説

キャパシタ（capacitor）は銅やアルミニウムの板を対向させて構成する。電荷を蓄積するのでコンデンサ（condenser）とも呼ばれる。キャパシタに (2.10)

式の交流電圧をかけると、周波数と容量 C に比例した電流が流れる。そして電流は電圧より位相が $\pi/2$ 進む。

キャパシタの場合も交流の振幅について、オームの法則が成り立つことがわかる。(2.12) 式により交流抵抗は $1/\omega C$ である。交流抵抗はキャパシタの場合も、リアクタンスといい、X で表す。

$$V = V_1 \sin \omega t \qquad \cdots(2.10)$$

$$I = I_1 \sin\left(\omega t + \frac{\pi}{2}\right) \qquad \cdots(2.11)$$

$$V_1 = \frac{I_1}{\omega C} \qquad \cdots(2.12)$$

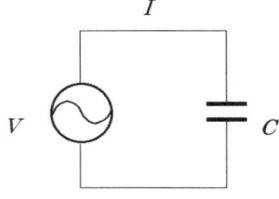

図 2.7 交流とキャパシタの接続　　図 2.8 キャパシタに流れる電流

つぎに記号と単位を示す。

　　容量　　　　C ：ファラッド　(F：farad)
　　リアクタンス　X ：オーム　　　(Ω)

2.3.2 高音スピーカ回路

2ウエイ・スピーカ回路の実体図を図 2.5 に示してある。増幅器の出力端子にはキャパシタ C と直列に高音スピーカが接続されている。この回路によるとつぎに示すように、周波数の高い電流をスピーカに流すことができる。

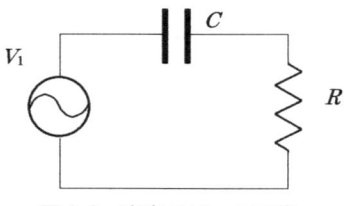

図 2.9 高音スピーカ回路

第2章 交流回路

スピーカを抵抗 R、増幅器を振幅 V_1 の電源とみなすと、高音スピーカ回路は図 2.9 のように表すことができる。

キャパシタの交流抵抗が低周波になると R より大きくなり、スピーカに流れる電流はだんだん遮断される。しかし、高周波では R より小さくなり、電流は通過する。(2.13) 式のように、キャパシタの交流抵抗が R と等しいときが、遮断と通過の境界である。この周波数をカットオフ周波数 f_0 という。角周波数では ω_0 と表す。

$$\frac{1}{\omega_0 C} = R \qquad \cdots(2.13)$$

2.3.3 高音スピーカ回路の計算

(1) 8 Ω のスピーカと 25 μF のキャパシタで高音スピーカ回路を構成する。80 Hz におけるキャパシタの交流抵抗を求めよ。

    文字式　$1/\omega C$
    計算式　$1/2\pi \times 80 \times 25\mu = 1/2\pi \times 2\,\mathrm{m} = 0.0796\,\mathrm{k}$
    結果　　79.6 Ω
    説明　・交流抵抗は $1/\omega C = 1/2\pi f C$ である。
    　　　・結果から $1/\omega C \gg R$ であることがわかる。

(2) 上記で 8 kHz におけるキャパシタの交流抵抗を求めよ。

    文字式　$1/\omega C$
    計算式　$1/2\pi \times 8\,\mathrm{k} \times 25\mu = 1/2\pi \times 200\,\mathrm{m} = 0.000796\,\mathrm{k}$
    結果　　796 mΩ
    注　　・結果から $1/\omega C \ll R$ であることがわかる。

(3) 上記のカットオフ周波数を求めよ。

    文字式　$f_0 = \omega_0/2\pi = 1/2\pi C R$
    計算式　$1/2\pi \times 25\mu \times 8 = 1/2\pi \times 200\mu = 0.000796\,\mathrm{M}$
    結果　　796 Hz
    説明　・この回路は 800 Hz 以上の高音用スピーカに適する。

2.4 複素数平面

　低音スピーカ回路はインダクタと抵抗の直列回路である。また、高音スピーカ回路はキャパシタと抵抗の直列回路である。これらの複雑な交流回路のはたらきを、縦軸に虚数と横軸に実数を使った複素数平面を使って調べる。

2.4.1 インピーダンス

　図 2.10 にインダクタの電圧と電流を複素数平面に表示した。電流を基準にし、虚数の単位は j を使っている。 $j=\sqrt{-1}$ である。 電流の**虚数部**は 0 であり、電圧の**実数部**は 0 であるから、つぎのように式で表すことができる。これは (2.8) 式に示した $V_1 = \omega L I_1$ による。

$$I = I_1 \qquad \cdots (2.14)$$
$$V = jV_1 = j\omega L I \qquad \cdots (2.15)$$

　したがって、複素数平面ではインダクタの交流抵抗は $j\omega L$ と表すことができる。これをインピーダンス (impedance) といい、Z で表す。インピーダンスは電流を電圧に変換し**位相**を回転させるはたらきをし、j が $\pi/2$ の位相を表している。

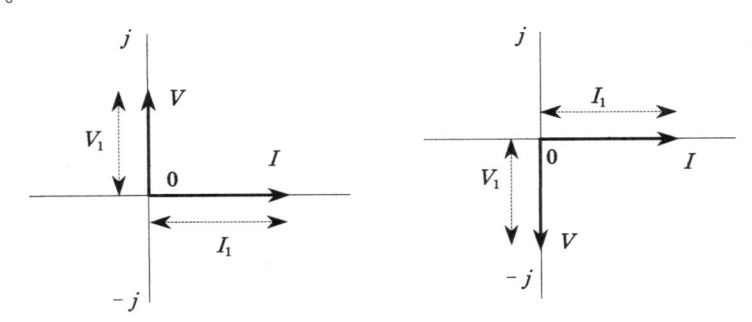

図 2.10 インダクタの電圧と電流　　**図 2.11** キャパシタの電圧と電流

　キャパシタの場合、交流抵抗は $1/\omega C$ でありインピーダンスは $1/j\omega C$ である。$1/j$ は $-j$ であるから、$-\pi/2$ の位相を表している。
　また、抵抗の場合は交流抵抗も R で、位相を回転させないのでインピーダン

スも R である。

2.4.2 直列インピーダンス

インピーダンスは抵抗を複素数に拡張したもので、オームの法則やキルヒホッフの法則に従う。すなわち、インダクタやキャパシタと抵抗の合成インピーダンスも、抵抗の場合と同じように求められる。

しかし、結果は複素数になる。この場合、実数部 Z_r、虚数部 Z_i、交流抵抗 $|Z|$、位相 $\angle Z$ には、つぎの関係が成立する。

$$Z = Z_r + jZ_i \qquad \cdots(2.16)$$
$$|Z|^2 = Z_r^2 + Z_i^2 \qquad \cdots(2.17)$$
$$\tan \angle Z = \frac{Z_i}{Z_r} \qquad \cdots(2.18)$$

低音スピーカ回路はインダクタと抵抗の直列回路であり、つぎのように表すことができる。

$$Z = R + j\omega L \qquad \cdots(2.19)$$
$$|Z|^2 = R^2 + \omega^2 L^2 \qquad \cdots(2.20)$$
$$\tan \angle Z = \frac{\omega L}{R} \qquad \cdots(2.21)$$

高音スピーカ回路はキャパシタと抵抗の直列回路であり、つぎのように表すことができる。

$$Z = R + \frac{1}{j\omega C} \qquad \cdots(2.22)$$
$$|Z|^2 = R^2 + \frac{1}{\omega^2 C^2} \qquad \cdots(2.23)$$
$$\tan \angle Z = -\frac{1}{\omega CR} \qquad \cdots(2.24)$$

(2.24) 式の右辺が負なのは $1/j\omega C$ が $-j/\omega C$、つまり Z_i が負であるからである。

2.4.3 インピーダンスの計算

(1) $12\,\Omega$ のスピーカと $2.4\,\mathrm{mH}$ のインダクタで低音スピーカ回路を構成する。カットオフ周波数における合成交流抵抗を求めよ。

第2章 交流回路

文字式　$|Z|^2 = R^2 + \omega_0^2 L^2$
計算式　$|Z|^2 = 12^2 + 12^2 = 288$
結果　　17 Ω
説明　・(2.9) 式によりカットオフ周波数では $\omega_0 L = R$ である。
　　　・$|Z| = 16.97\cdots$ となるので 3 桁に四捨五入する。

(2) 前記でスピーカの電流に対する電源の位相を求めよ。

文字式　$\tan\angle Z = \omega_0 L / R$
計算式　$\tan\angle Z = 12/12 = 1$
結果　　$\angle Z = 45$ 度

(3) 16 Ω のスピーカと 25 μF のキャパシタで高音スピーカ回路を構成する。400 Hz におけるスピーカの電流に対する電源の位相を求めよ。

文字式　$\tan\angle Z = -1/\omega CR$
計算式　$\tan\angle Z = -1/2\pi \times 400 \times 25\mu \times 16$
　　　　　　　　$= -1/2\pi \times 160$ m
　　　　　　　　$= -0.000995$ k
　　　　　　　　$= -0.995$
結果　　$\angle Z = -44.9$ 度
説明　・$V = ZI$ であるから I に対する V の位相は $\angle Z$ である。

2.5　記号演算法の知識

　交流抵抗や交流電流と交流電圧の位相関係を、複素平面を用いて表したが、複素平面上で幾何学的に取り扱うことで、さらに複雑な並列インピーダンスなどの計算ができることを学ぶ。

2.5.1　記号演算法とは

　第 1 章では、電源と抵抗だけで構成された回路を流れる電流は、抵抗値により定まることを知った。前節までで、交流電源とインダクタまたは交流電源とキャパシタの回路で、回路の交流電流はインダクタやキャパシタの交流抵抗で定まり、また、交流電流の位相は交流電圧に比べてインダクタの場合 90 度遅

れ、キャパシタでは90度進むことを学んだ。さらに、2.4節では抵抗とインダクタ、または抵抗とキャパシタが混在した回路の交流抵抗や交流電流と交流電圧の位相関係が、複素平面を用いて表し得ることを学習した。

90度の位相の遅れ進みを伴うインダクタやキャパシタによる交流抵抗、すなわちリアクタンスを X で表し、抵抗とインダクタ、キャパシタが混在した合成交流抵抗のインピーダンスを Z としたとき、インピーダンス Z は一般的に、

$$Z = R \pm jX$$

で表される。インダクタのみのリアクタンスは $X=+j\omega L$、キャパシタのみのリアクタンスは $X=1/j\omega C = -j/\omega C$ である。ここで、j は虚数であり、+は誘導性(インダクタンス性)の90度進みのリアクタンスを、−は容量性(キャパシタンス性)のリアクタンスを示している。この説明でリアクタンスの位相が、交流電流の交流電圧に対する進み遅れと逆になっているのは、リアクタンス $+j\omega L$ を流れる角周波数 ω の電流が交流電圧に対して、

$$I = \frac{E}{X} = \frac{E}{+j\omega L} = -j\frac{E}{\omega L}$$

のように $-j$ が付いた遅れ位相の電流になることから理解されるであろう。

j は難しく考えなくとも、ある量にかけるとその量の大きさはそのまま変えずに、位相のみを90度進める記号と理解すればよい。たとえば、コサイン波はサイン波より90度進んでいることは自明だが、これは、

$$\cos\omega t = j\sin\omega t$$

のようにも表すことができる。このように90度の進み遅れ成分を虚数で表し、進み遅れなしの0度成分とともに交流回路を複素平面上で分析する方法を記号演算法またはベクトル演算法という。

2.5.2 ベクトルの四則演算と並列インピーダンスの計算

いま、インピーダンス $Z_1=R_1+jX_1$ と別のインピーダンス $Z_2=R_2+jX_2$ が直列に接続されたときの合成インピーダンス Z_S を考えるとき、

$$Z_S = Z_1 + Z_2 = (R_1+R_2) + j(X_1+X_2)$$

が成り立つ。複素平面上では Z_S は図2.12のように合成される。Z_S は**極座標表示**を用いてベクトルの大きさを A で表すと、

$$Z_S = Z_1 + Z_2 = A_S \angle \theta_S \qquad \cdots(2.25)$$

とも表現することができる。ここに $A_S = |Z_S|$ である。

　抵抗分 R がマイナスの値をとることは通常の場合考えられないが、リアクタンス分がマイナスの値をとるケースでも、図2.13のようにインピーダンスを合成することが可能である。

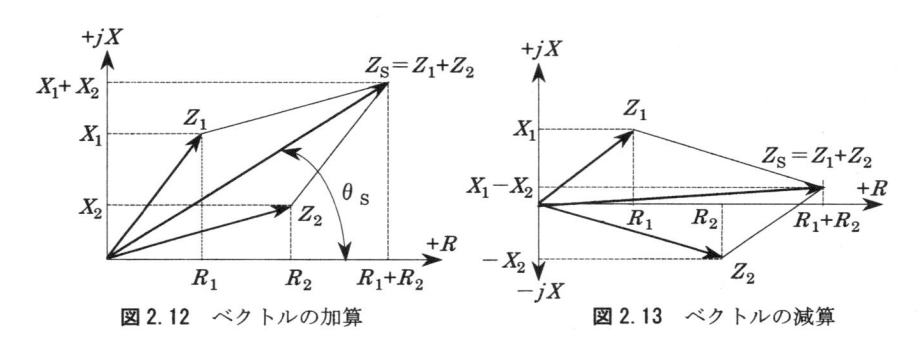

図2.12　ベクトルの加算　　　　**図2.13　ベクトルの減算**

　2つのベクトルを乗除算する場合は、極座標の表示を行い演算を進めるのが便利である。いま、インピーダンス Z_1 と Z_2 を並列接続したときの合成インピーダンスを求めてみる。極座標表示ではインピーダンス Z_1 と Z_2 は、

$$Z_1 = A_1 \angle \theta_1 \qquad Z_2 = A_2 \angle \theta_2$$

と表され、合成インピーダンス Z_P は、

$$Z_P = \frac{Z_1 Z_2}{Z_1 + Z_2} \qquad \cdots(2.26)$$

であるが、この式の分母は前出の(2.25)式と同じである。一方、分子の $Z_1 Z_2$ の乗算結果は、つぎのようになる。

$$\begin{aligned} Z_1 Z_2 &= (A_1 \angle \theta_1)(A_2 \angle \theta_2) \\ &= A_1 A_2 \angle (\theta_1 + \theta_2) \end{aligned} \qquad \cdots(2.27)$$

　(2.27)式の意味するところは、2つのベクトルの乗算は、それぞれのベクトルの大きさ A_1 と A_2 を掛け合わせ、位相角はそれぞれのベクトルの位相角 θ_1 と θ_2 を足し合わせるということである。合成後の位相角については、ひとつのベクトルの位相角 θ_1 から出発して、もうひとつのベクトルの位相角 θ_2 だけ、さらに時計の反対まわりに回転させると解釈することもできる。ベクトルの乗算を図示すれば図2.14のようになる。

第2章 交流回路

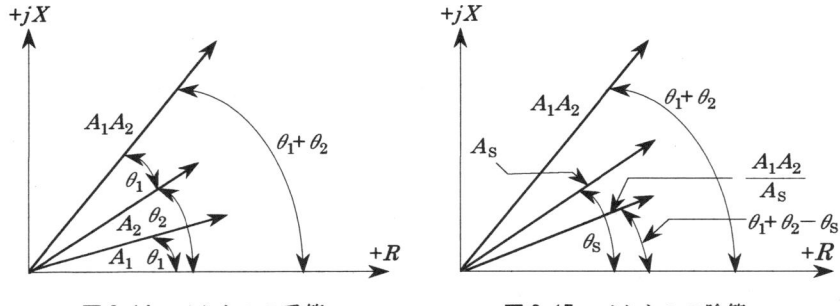

図2.14 ベクトルの乗算

図2.15 ベクトルの除算

さて、(2.26)式の Z_1 と Z_2 の並列合成インピーダンス Z_P は、分子の Z_1Z_2 の結果が (2.27) 式のように求まったので、これを分母の (2.25) 式で除算して求める。除算は、ベクトルの大きさについては、それぞれの大きさの積 A_1A_2 を和の大きさ A_S で割算し、位相角については分子の位相角 $\theta_1+\theta_2$ から分母の位相角 θ_S の引算を行えばよく、この結果は図2.15に示すように、

$$Z_P = \frac{A_1A_2}{A_S} \angle (\theta_1+\theta_2-\theta_S)$$

となり、並列の場合の合成インピーダンスが求められる。

2.5.3 複素平面を用いた記号演算法の拡張

複素平面を用いた記号法を拡張していけば、アナログ電子回路解析とディジタル信号処理との間の橋渡しをすることも可能である。波形 $v(t)$ は、オイラー(Euler)の式を使用して極座標表示すれば、

$$v(t) = A(\cos\omega t - j\sin\omega t) = Ae^{-j\omega t} \qquad \cdots (2.28)$$

と書き表すことができる。

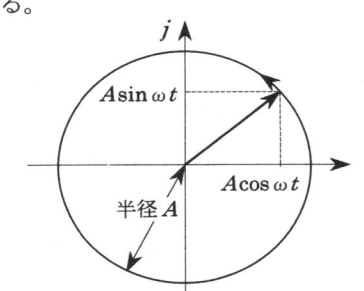

図2.16 基本周波数成分波形の極座標表示

これは、極座標上では図 2.16 のように、原点を中心とした半径 A の円周上を反時計まわりに角速度 ω で回転するベクトルを示している。そして、このベクトルを実軸上に投影したものが $A\cos\omega t$、虚軸上に写像したものが $A\sin\omega t$ になる。

ベクトルが円周をひとまわりするに要する周期 T_S $(=2\pi/\omega)$ を基準におき、周波数のスケールに周期 T_S を用いて表現すると、2倍の角周波数にあたる $2\omega t$ は $2\omega T_S$、…、n 倍の角周波数 $n\omega t$ は $n\omega T_S$ になる。ベクトルの大きさも角周波数に応じて変わるものとすれば、n 倍の角周波数成分に対する時間波形は、

$$v(t_n) = A_n\, e^{-j\omega n T_S}$$

この式は（2.28）式を改めて書き改めたものにほかならない。この表現方法は時間波形を時間 T_S ごとにサンプリングして、そのときどきの波形の大きさをディジタル化する目的に合致し、ディジタル信号処理ではよく用いられる。

2.6 キャパシタとインダクタの知識

2.6.1 キャパシタのはたらき

キャパシタは 2 枚の金属板を対向させ極板とした構造のものであり、図 2.17 (a)のように、その略図がそのままキャパシタの記号になっている。キャパシタに電池を接続すると導体板には図 2.17 (b)のように、電池の正極側にはプラスの電荷が、負極側にはマイナスの電荷が現れる。

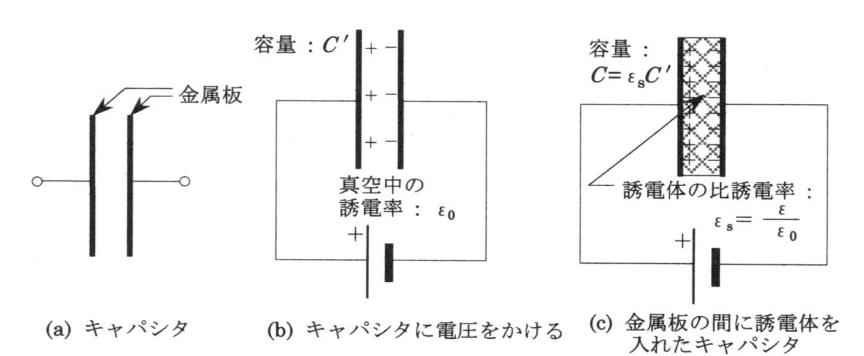

(a) キャパシタ　(b) キャパシタに電圧をかける　(c) 金属板の間に誘電体を入れたキャパシタ

図 2.17 キャパシタの構造と記号

(c)図のように、2枚の導電体の間に誘電率が ε の誘電体を入れると、真空の誘電率を ε_0 とすると比誘電率 ε_S （$\varepsilon_S = \varepsilon / \varepsilon_0$）の分だけ電荷の量が増大し、キャパシタの容量（capacity）を大きくすることができる。これに直流電圧を加えた場合、キャパシタは電荷を蓄積したり、放電したりする作用があり、直流回路で用いた際には、キャパシタは小容量の電池と同様なふるまいをする。

(a) キャパシタの充電　　　　(b) キャパシタの放電

図2.18　直流回路中のキャパシタのはたらき

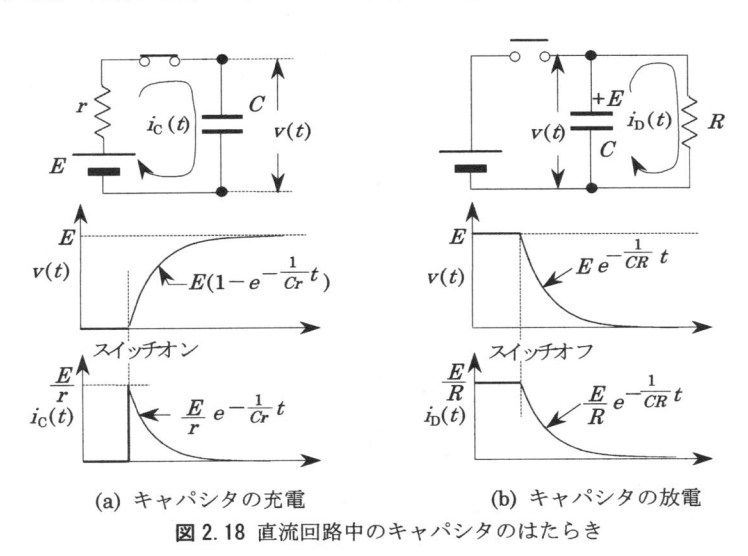

　図2.18は典型的なキャパシタの充放電のメカニズムを説明するものであり、図2.18(a)は充電の場合についてである。起電力 E、内部抵抗 r の電池に接続された容量 C のキャパシタには、接続と同時に充電が始まり、その両端の電圧 $v(t)$ は充電の進行とともにエキスポーネンシャルに上昇し、やがて起電力 E にまで達する。この上昇曲線の急峻さや緩慢さは、電池の内部抵抗 r と容量 C の積で決定される。なお、満充電時にキャパシタに蓄えられた電荷 Q は C と E の積になる。

　図2.18(b)は放電の場合である。電池から切り離された瞬間のキャパシタ両端の電圧 $v(t)$ は電池の起電力 E まで充電されており、オフの瞬間から、負荷抵抗 R を通じて放電が開始される。この $v(t)$ の放電曲線もエキスポーネンシャルであり、その時定数は C と R の積で決まる。

　図2.19のように、交流電圧が加わる回路では、キャパシタを流れる交流電流

は電圧に比べて 90 度進んだものになる。キャパシタの電荷が最も多く蓄積されるのは、加わる電圧が直流バイアス電圧と交流電圧の和がピークに達する図中の A 点であり、このときにはキャパシタに流入する電流はゼロになる。

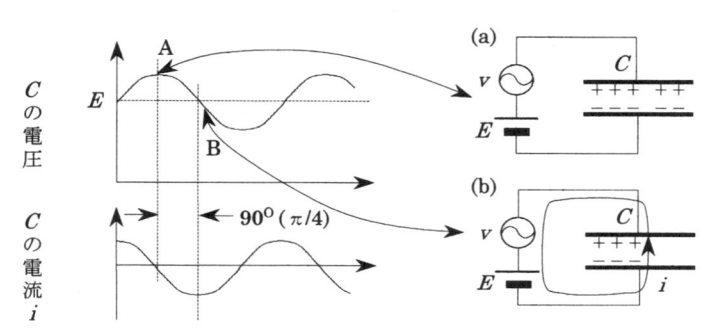

図 2.19 キャパシタの電流は電圧より 90 度進む

このとき蓄えられた電荷は、A 点を過ぎるにつれて放出され、放電電流が最大になるのは、キャパシタに加わる電圧のうち、交流分の電圧がゼロになる B 点である。このように、キャパシタに加わる交流電圧波形とその電流波形は位相が一致せず、電流のほうが正弦波を 90 度進めた形になる。

キャパシタを含む交流回路では、抵抗のみの回路と異なり、回路解析の際にはこの電圧、電流の位相差を意識したベクトル演算を行わなければならない。

2.6.2 いろいろなキャパシタ

キャパシタは用いた誘電体の違いにより、いくつかの種類に分けられる。絶縁紙を用いたペーパーキャパシタ、チタン酸バリウムや酸化チタンを主成分にしたセラミックキャパシタや電解液を用いた有極性のアルミ電解キャパシタなどは古くから用いられてきた。

最近進歩が激しいものはフィルムキャパシタの領域であり、図 2.20 中に記した以外にも、ポリエチレン・テレフタレート (PET) やポリフェニレン・スルフィド (PPS) キャパシタも登場している。

キャパシタの取り得る容量範囲は誘電体の種別や構造で決まったものになるが、そのおおよそを図 2.20 中に示してある。

第2章 交流回路

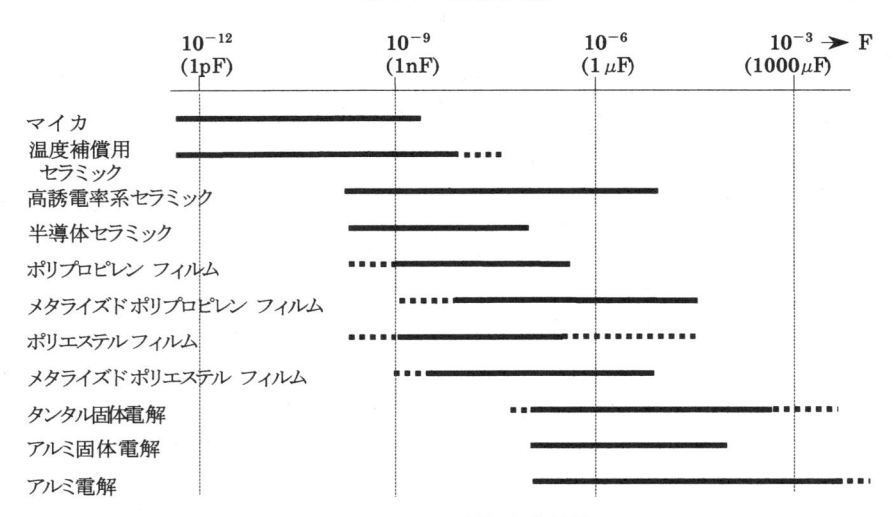

図2.20 キャパシタの種類と容量範囲

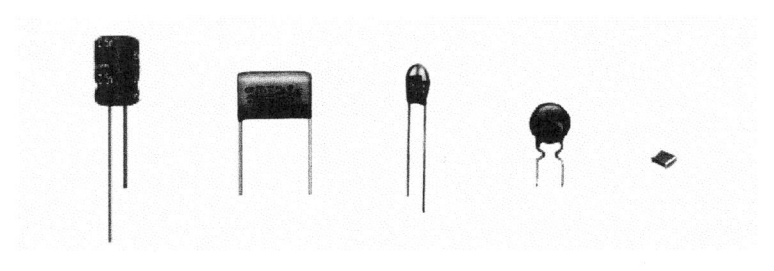

(a) アルミ電解　(c) タンタル電解　(e) 積層セラミック
(b) フィルム　(d) セラミック

図2.21 いろいろなキャパシタ

2.6.3 インダクタとそのはたらき

　導線に電流を流すと、電流の方向をネジの進む方向とすれば、右ネジの回転方向に磁力線を生じる。図2.22(a)は導線をループ状にした場合の磁力線を示している。導線のループを層状に重ねて連結したものはインダクタあるいはコイルと呼ばれ、図2.22(b)のように、多くの磁力線が集まって磁束を形成する。インダクタの中に透磁率μの磁性体を挿入すれば、真空の透磁率をμ_0とすると、μ/μ_0だけ磁力線の密度を高めることができる。

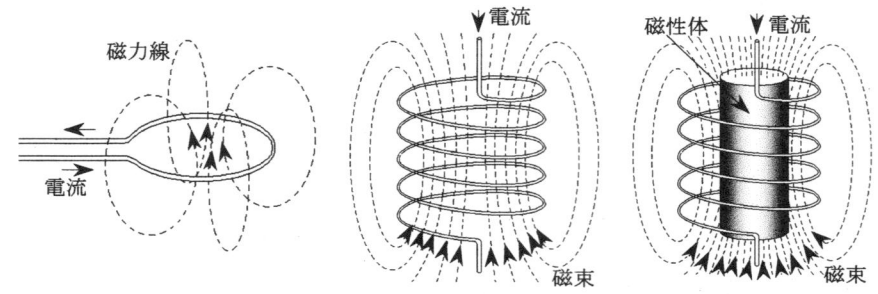

(a) 導線のまわりの磁力線　(b) インダクタ　(c) 磁性体入りインダクタ

図 2.22　インダクタと磁力線

インダクタの特性はインダクタンスで表され、より多く磁力線を発生させる能力があるインダクタは、よりインダクタンスが大きいことになる。

(a) インダクタを含む回路

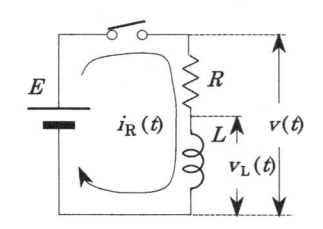

(b) 回路の電流

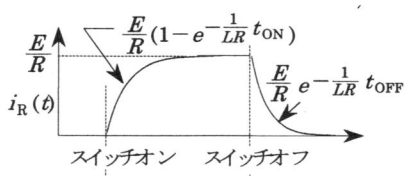

$\dfrac{E}{R}(1-e^{-\frac{1}{LR}t_{\text{ON}}})$

$\dfrac{E}{R}e^{-\frac{1}{LR}t_{\text{OFF}}}$

スイッチオン　スイッチオフ

(c) 回路の電圧

$E(1-e^{-\frac{1}{LR}t_{\text{ON}}})$

$Ee^{-\frac{1}{LR}t_{\text{OFF}}}$

インダクタの起電力 $v_L(t)$

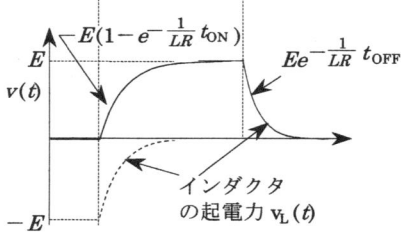

図 2.23 直流回路中のインダクタのはたらき

第2章 交流回路

図2.23(a)の回路で、スイッチをオンにしてインダクタに電池の電圧を印加したとき、インダクタを流れる電流は(b)図のように、電圧より遅れたエキスポーネンシャル状なカーブで立ち上がる。これは、電圧印加前の磁束ゼロの状態を、電圧印加後も維持するようにインダクタが作用するので、(c)図に示すように、電池とは逆向きの$-E$の起電力を発生して、電池の電圧の立ち上がりを抑制するからである。これとは逆に、スイッチをオフした場合には、オンのときに発生していた磁束をオフ後も維持するように、電池と同方向の起電力Eを生じるので、オフ後にも電圧が残る。なお、(a)図中のRは、インダクタの巻線抵抗や磁性体の損失などによる抵抗分を示している。

つぎに、交流回路におけるインダクタのふるまいを考えてみる。図2.24の回路で最大の電流が流れるのは交流電源によるピークの電流iが流れるA点であり、そして、インダクタが発生する磁束も最大になる。A点を過ぎてC点までの間、電流は減少し続けているが、この間インダクタは磁束を減少させないようにはたらき、両端の交流電圧はプラスであり続ける。なかでも、磁束の減少率が最も急激なのはB点であり、このときLの両端電圧はプラスの最大値を示す。

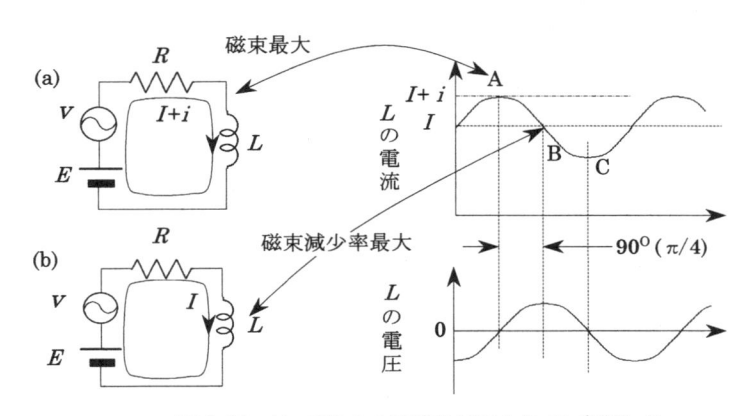

図2.24 インダクタの電流は電圧より90度遅れる

2.6.1項のキャパシタの場合とは逆に、インダクタを交流回路で用いたとき、インダクタ両端の交流電圧は電流に比べて90度進む。交流電圧を基準にとれば、電流の位相は90度遅れることになり、これはキャパシタの位相関係とは

逆になる。インダクタを含む交流回路を解析する際、この電流・電圧の位相差を加味したベクトル演算法が必要なのはキャパシタが含まれる交流回路解析の場合と同様である。

2.6.4 いろいろなインダクタ

インダクタのインダクタンス L は、磁性体の透磁率 μ に比例し、インダクタ巻線の巻数 N の二乗に比例する。すなわち $L \propto \mu N^2$ と表せる。また、磁性体の形状によっても磁束密度を変えることができ、広い範囲のインダクタンスを持つインダクタをつくることができる。

重電機器用は別として、エレクトロニクスで使われるインダクタは、ナノヘンリー（nH：10^{-9}H）からミリヘンリー（mH：10^{-3}H）クラスのものである。インダクタの構造としては、筒型やドラム型の磁性体であるフェライトコア（ferrite core）に巻線を施したものや、磁性体を用いない空芯のもの、巻線の代わりに薄膜の導体でインダクタを形成したものなどがある。磁束の一部は外部に漏れ出る構造のインダクタが大部分であるが、外部への漏洩を少なくしたシールド型のものも市販されている。さらに、導入線の形態により、同一軸上の反対方向に設けられたアキシャル（axial）型や同じ方向にあるラジアル（radial）型の分類もある。さらに、面実装用にチップ（chip）構造のインダクタがある。

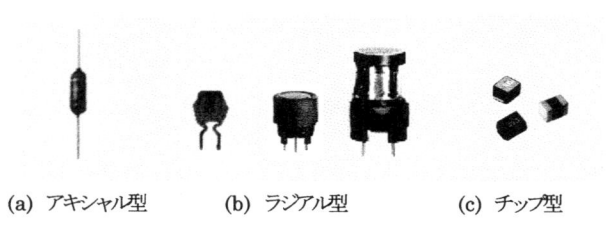

(a) アキシャル型　　(b) ラジアル型　　(c) チップ型

図 2.25　いろいろなインダクタ

磁性体として一般的なフェライトコアにも多くの種類があり、コアの周波数特性もさまざまである。また、巻線のインダクタンスと浮遊容量とで生ずる自己共振があり、自己共振周波数以上の周波数ではインダクタ転じてキャパシタになってしまうので、カタログを調べる際に注意を要する。

第 2 章　交 流 回 路

　巻線の太さなどから決まる導体の許容電流や、磁性体の磁気的飽和のため流しうる最大電流の制約もある。インダクタにはこれらを考慮して、電源用、一般用、高周波用などがあり、用途に適した選択を行う必要がある。

　インダクタの性能の善し悪しを示す指標に Q (Quality factor) という定義がある。巻線には必然的に抵抗分が伴うし、磁性体にも損失があるので、これらを併せた直列抵抗分を R とし、本来のインダクタンスを L とすれば、$Q = \omega L/R$ で表せる。Q はインダクタと直列にキャパシタを接続して、直列共振回路とし、インダクタまたはキャパシタの両端の電圧が、共振時に入力電圧の Q 倍になることを利用して測定できる。一般的には、Q を 100 以上にするのは容易なことではない。

第 3 章
フィルタ

　音声、映像、データなどの情報は正弦波で構成された交流の電気信号で伝送される。フィルタは伝送された信号から必要な周波数の信号を通過させ、不要な周波数の信号を遮断する回路である。

3.1　伝達関数

　交流が回路を通過したときに、振幅が何倍になるのかを**ゲイン**（gain）という。インダクタやキャパシタを使った回路では、振幅だけでなく位相も変化する。そこでゲインを複素数に拡張すると、振幅と位相を同時に扱える。これを、伝達関数という。

3.1.1　フィルタの基本回路
　フィルタを Z_1 と Z_2 で構成し、図 3.1 に示す。

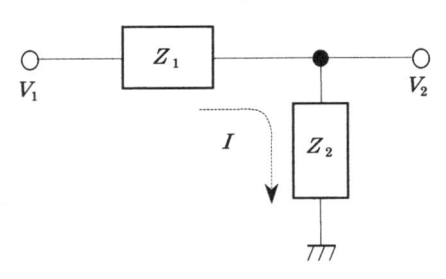

図 3.1　フィルタの基本構成

入力を V_1 とすると、出力 V_2 は、つぎのように表せる。

$$V_2 = Z_2 I$$
$$= Z_2 \frac{V_1}{Z_1 + Z_2} \qquad \cdots(3.1)$$

フィルタのはたらきは、図 3.2 のように複素数平面に表せる。すなわち、入力の振幅 $|V_1|$ を出力の振幅 $|V_2|$ に変換し、位相を $\angle V_2$ だけ回転させている。

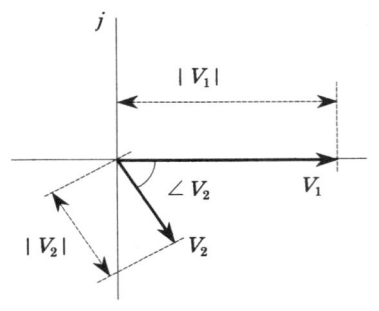

図 3.2 フィルタのはたらき

これを伝達関数 G で表すとつぎのようになる。すなわち、G は V_1 の振幅が 1 のときの V_2 である。

$$V_2 = GV_1 \qquad \cdots(3.2)$$
$$G = \frac{Z_2}{Z_1 + Z_2} \qquad \cdots(3.3)$$

一般に G は複素数になり、インピーダンスと同様につぎの関係が成立する。

$$G = G_r + j G_i \qquad \cdots(3.4)$$
$$|G|^2 = G_r^2 + G_i^2 \qquad \cdots(3.5)$$
$$\tan \angle G = \frac{G_i}{G_r} \qquad \cdots(3.6)$$

ここに、$|G|$ がゲインである。底が 10 の対数をとったデシベル表示がよく使われる。とくにゲインが膨大なときと微少なときに便利である。これらの記号と単位をつぎに示す。

$$\begin{array}{ll} \text{ゲイン} \quad |G| & : \quad (倍) \\ 20 \log |G| & : \text{デシベル} \quad (\text{dB}) \end{array} \qquad \cdots(3.7)$$

表 3.1 は倍と dB の変換を表している。$\log 2 = 0.3$ の近似と $\log 10 = 1$ を利

用して作成した。

表 3.1 デシベル表示の変換表

倍	10	5	2	1	0.5	0.2	0.1
dB	20	14	6	0	-6	-14	-20

3.1.2 減衰器

情報機器などの音声端子は基準の振幅 1.1 V で**インターフェース** (interface) することになっている。音楽では瞬間の振幅はもっと大きく、さらに信号は負方向の振幅も持つので、回路は 10 V 程度の信号を処理する必要がある。

しかし、電力消費低減の要請に対応して、回路の電源電圧も低減の一途にあり、現在は 5 V や 3.3 V または 2.5 V が使われる。

そこで入力信号を減衰器で電源電圧より小さくして処理する。この減衰器はフィルタを構成するインピーダンスを抵抗にすると実現できる。

つぎに減衰器の回路を示す。伝達関数は実数であるからゲインは G である。また、位相は 0 度であって、V_1 と V_2 は同相である。

$$V_2 = GV_1 \qquad \cdots(3.8)$$

$$G = \frac{R_2}{R_1 + R_2} \qquad \cdots(3.9)$$

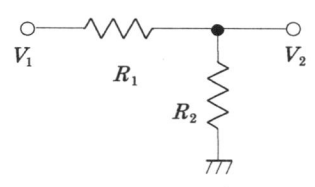

図 3.3 減衰器

3.1.3 減衰器の計算

(1) $R_1 = 15\ \text{k}\Omega$、$R_2 = 10\ \text{k}\Omega$ ならゲインはいくらか。

  文字式 $G = R_2 / (R_1 + R_2)$

  計算式 10 k/(15 k + 10 k) = 0.4

  結果 0.4 倍

40　　　　　　　　　　　第3章　フィルタ

　　説明　・通常音声端子の入力抵抗は 10 kΩ である。

(2) $R_2 = 10$ kΩ でゲインを 0.2 倍にするには R_1 をいくらにすればよいか。

　　文字式　$R_1 = R_2 (1/G - 1)$
　　計算式　10 k $(1/0.2 - 1) = 40$ k
　　結果　　40 kΩ
　　説明　・(3.9) 式から R_1 を求める。

(3) 20 倍は何 dB か。

　　文字式　$20 \log AB = 20 \log A + 20 \log B$
　　計算式　$20 \log 20 = 20 \log 2 + 20 \log 10 = 6 + 20 = 26$
　　結果　　26 dB
　　説明　・2×10 は 6dB+20dB

(4) -12 dB は何倍か。

　　文字式　$20 \log A^C = C \times 20 \log A$
　　計算式　$-12 = -2 \times 6 = -2 \times 20 \log 2 = 20 \log 2^{-2} = 20 \log(1/4)$
　　結果　　0.25 倍
　　説明　・12dB は 6dB+6dB だから 2×2 倍、結果は 1/4

3.2　ローパスフィルタ

　低音スピーカ回路は、低い周波数の信号を通過させるのでローパスフィルタ（LPF：Low Pass Filter）の一例である。前章ではそのはたらきを定性的に学んだが、ここでは伝達関数により、LPF のはたらきを定量的に調べる。

3.2.1　ローパスフィルタ回路

　フィルタの基本回路を図 3.1 に示した。ここで、Z_1 をインダクタ、Z_2 を抵抗とすると、図 3.4 のように LPF を構成することができる。

　LPF の伝達関数は、(3.10) 式で表すことができる。ただし、$\omega_0 L = R$ である。これはカットオフ周波数を表しており、(2.9) 式に示してある。

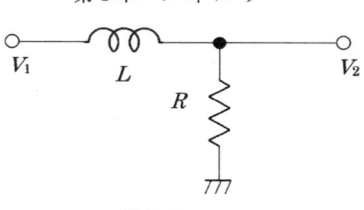

第3章　フィルタ

図3.4　LPF

$$G = \frac{Z_2}{Z_1 + Z_2}$$
$$= \frac{R}{j\omega L + R}$$
$$= \frac{1}{1 + j\omega L/R}$$
$$= \frac{1}{1 + j\omega/\omega_0} \quad \cdots(3.10)$$

伝達関数は分母が複素数になっているので、$G = 1/g$ としてゲインと位相を求める。

$$|1/g|^2 = 1/|g|^2 \quad \cdots(3.11)$$
$$\tan\angle(1/g) = -\tan\angle g \quad \cdots(3.12)$$

したがって、LPFのゲインと位相はつぎのように表せる。

$$|G|^2 = \frac{1}{1 + \omega^2/\omega_0^2} \quad \cdots(3.13)$$
$$\tan\angle G = -\omega/\omega_0 \quad \cdots(3.14)$$
$$\omega/\omega_0 = f/f_0 \quad \cdots(3.15)$$

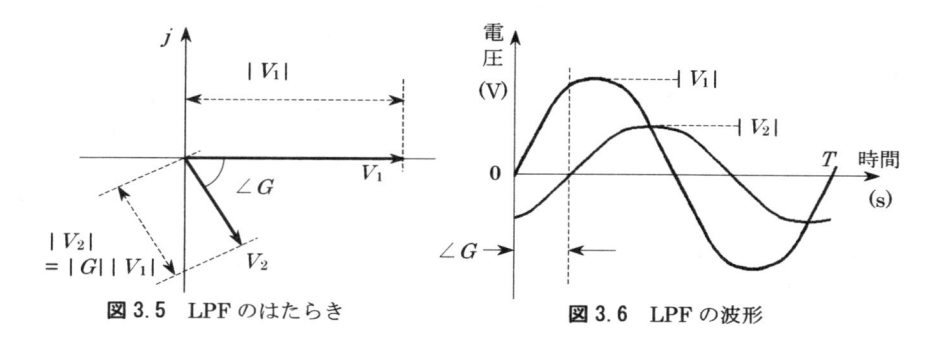

図3.5　LPFのはたらき

図3.6　LPFの波形

複素数平面における V_1 と V_2 の関係を図 3.5 に示した。これを波形で表すと、図 3.6 のようになる。

3.2.2 低音スピーカ回路

カットオフ周波数 f_0 が 800 Hz の低音スピーカ回路を、2.2.3 項に示した。これに振幅が 10 V の信号を加えるとスピーカにはどのような信号が加わるのか調べる。

図 3.4 において、V_1 を信号、L を 1.6 mH のコイル、R を 8 Ω のスピーカとみなすと、f_0 がほぼ 800Hz となり V_2 がスピーカに加わる信号となる。

表 3.2 LPF の周波数特性

f (Hz)	8	80	800	8 k	80 k
f/f_0	0.01	0.1	1	10	100
$\|G\|^2$	1	0.99	0.5	0.01	0.0001
$\|G\|$ (倍)	1	1	0.71	0.1	0.01
$20\log\|G\|$ (dB)	0	0	-3	-20	-40
$\tan\angle G$	-0.01	-0.1	-1	-10	-100
$\angle G$ (度)	-1	-6	-45	-84	-89

周波数を変えたときのゲインと位相を**周波数特性**といい、表 3.2 のようにして求めることができる。これをグラフにし図 3.7 に示した。この表とグラフは f/f_0 で**正規化**しているのでカットオフ周波数を変えても利用できる。

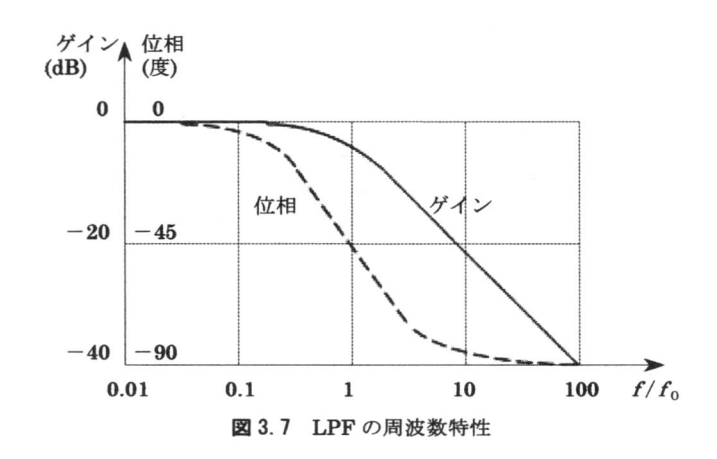

図 3.7 LPF の周波数特性

3.2.3　低音スピーカ回路の計算

(1) 16Ωのスピーカを使って低音スピーカ回路を構成する。LPF のカットオフ周波数を 1.5kHz にするためのインダクタのインダクタンスを求めよ。

　　　文字式　$L = R/\omega_0$
　　　計算式　$16/2\pi \times 1.5\,\text{k} = 1.7\,\text{m}$
　　　結果　　1.7 mH

(2) 上記で 2.6 kHz における位相を求めよ。

　　　文字式　$\tan \angle G = -f/f_0$
　　　計算式　$\tan \angle G = -2.6\,\text{k}/1.5\,\text{k} = -1.73$
　　　結果　　−60 度
　　　説明　　・$\sqrt{3} = 1.732\cdots$

3.3　ハイパスフィルタ

　高音スピーカ回路は、高い周波数の信号を通過させるのでハイパスフィルタ（HPF : High Pass Filter）の一例である。前章ではそのはたらきを定性的に学んだが、ここでは伝達関数により、HPF のはたらきを定量的に調べる。

3.3.1　ハイパスフィルタ回路

　フィルタの基本形を図 3.1 に示した。ここで、Z_1 をキャパシタ、Z_2 を抵抗とすると、図 3.8 のように HPF を構成することができる。

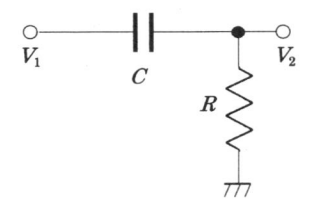

図 3.8　HPF

　HPF の伝達関数は、(3.16) 式で表すことができる。ただし、$1/\omega_0 C = R$ である。これはカットオフ周波数を表しており、(2.13) 式に示してある。

$$G = \frac{Z_2}{Z_1 + Z_2}$$
$$= \frac{R}{1/j\omega C + R}$$
$$= \frac{1}{1 + 1/j\omega CR}$$
$$= \frac{1}{1 + \omega_0/j\omega} \quad \cdots(3.16)$$

したがって、HPFのゲインと位相はつぎのように表せる。

$$|G|^2 = \frac{1}{1 + \omega_0^2/\omega^2} \quad \cdots(3.17)$$

$$\tan \angle G = \frac{\omega_0}{\omega} \quad \cdots(3.18)$$

$$\frac{\omega_0}{\omega} = \frac{f_0}{f} \quad \cdots(3.19)$$

V_1 と V_2 の振幅および位相の関係を、複素数平面によって図3.9に示している。また同様に、図3.10には V_1 と V_2 の振幅および位相の関係を、波形で示している。

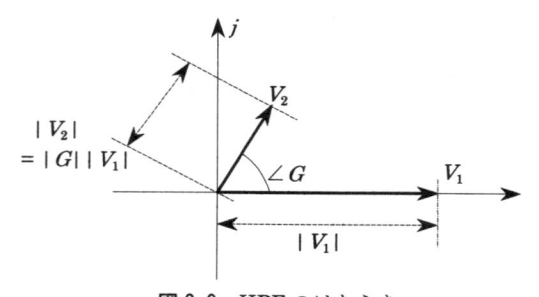

図3.9　HPFのはたらき

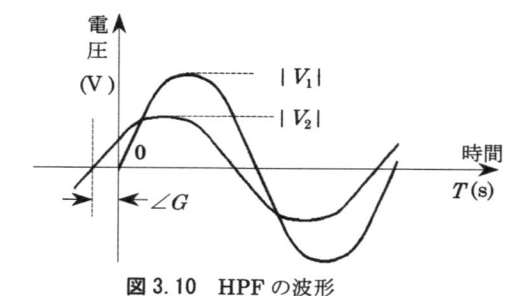

図3.10　HPFの波形

3.3.2 高音スピーカ回路

カットオフ周波数が 800 Hz の高音スピーカ回路を、2.3.3 項に示した。これに振幅が 10 V の信号を加えると、スピーカにはどのような信号が加わるのか計算をする。

図 3.8 において、V_1 を信号、C を $25\mu F$ のキャパシタ、R を 8Ω のスピーカとみなすと、V_2 がスピーカに加わる信号である。

ゲインと位相の周波数特性は、表 3.3 のようにして求めることができる。これをグラフにし図 3.11 に示した。この表とグラフは f_0/f で正規化しているのでカットオフ周波数を変えても利用できる。

表 3.3 HPF の周波数特性

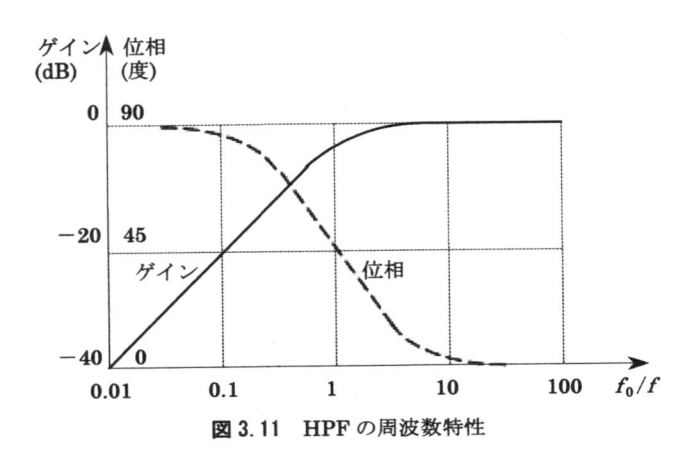

f	(Hz)	8	80	800	8 k	80 k
f_0/f		100	10	1	0.1	0.01
$\|G\|^2$		0.0001	0.01	0.5	0.99	1
$\|G\|$	(倍)	0.01	0.1	0.71	1	1
$20\log\|G\|$	(dB)	-40	-20	-3	0	0
$\tan\angle G$		100	10	1	0.1	0.01
$\angle G$	(度)	89	84	45	6	1

図 3.11 HPF の周波数特性

3.3.3 高音スピーカ回路の計算

(1) 4 Ω のスピーカを使って高音スピーカ回路を構成する。HPF のカットオフ周波数を 800Hz にするためのキャパシタの容量を求めよ。

文字式　$C = 1/\omega_0 R$
計算式　$1/2\pi \times 800 \times 4 = 1/2\pi \times 3.2\text{k} = 0.0498\text{m} = 49.8\mu$
結果　49.8μF
説明　・実際には 50μF のキャパシタを使う。

(2) 上記で 1.4 kHz における位相を求めよ。

文字式　$\tan\angle G = f_0/f$
計算式　$\tan\angle G = 0.8\text{k}/1.4\text{k} = 0.571$
結果　29.7度
説明　・$\tan 30° = 0.577\cdots$であるから 30 度に近い。

3.4 バンドパスフィルタ

特定の周波数の信号だけを通過させるのがバンドパスフィルタ（BPF：Band Pass Filter）である。AM ラジオの選局を例にして、BPF のはたらきを学ぶ。

3.4.1 バンドパスフィルタ回路

共振を利用した BPF の構成を図 3.12 に示した。フィルタの入力インピーダンスを Z とし、つぎの式で表す。

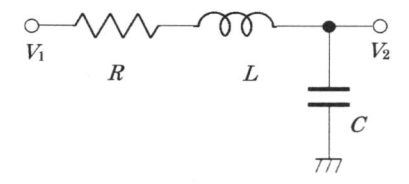

図 3.12　BPF の構成

$$Z = R + j\omega L + \frac{1}{j\omega C} \qquad \cdots(3.20)$$

$1/j$ は $-j$ であるから、(3.21) 式の条件で虚数部が 0 になる。これを共振という。共振周波数は f_0 である。

$$\omega_0^2 LC = 1 \qquad \cdots(3.21)$$

共振しているとき、フィルタの入力の電流を I として、フィルタの出力 V_2 を求める。

$$V_2 = \frac{I}{j\omega_0 C}$$
$$= \frac{V_1}{j\omega_0 C R} \qquad \cdots(3.22)$$
$$Q = \frac{1}{\omega_0 C R} \qquad \cdots(3.23)$$

V_2 の振幅は V_1 の振幅の Q 倍になることを表しており、これを共振の Q（Quality factor）という。Q は 1 以上にすることができる。

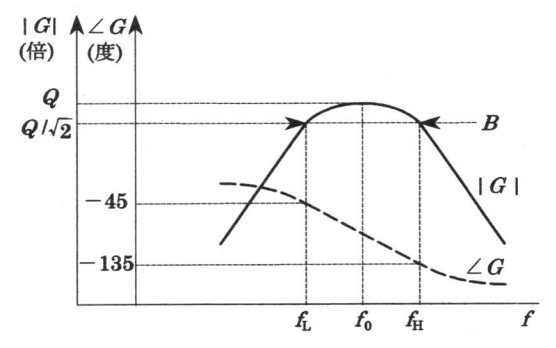

図 3.13 BPF の周波数特性

つぎに伝達関数を求めよう。Z_1 を R と L の直列、Z_2 を C と考える。

$$G = \frac{Z_2}{Z_1 + Z_2}$$
$$= \frac{1/j\omega C}{R + j\omega L + 1/j\omega C}$$
$$= \frac{1}{1 - \omega^2/\omega_0^2 + j\omega/\omega_0 Q} \qquad \cdots(3.24)$$
$$G = \frac{1}{2(1 - \omega/\omega_0) + j/Q} \qquad \cdots(3.25)$$

(3.25) 式は計算を簡単にするため、f_0 付近では $\omega/\omega_0 = 1$ と近似した。これにより f_0 では分母の実数部は 0 となり、ゲインは Q 倍、位相は －90 度となることがわかる。

このフィルタのカットオフ周波数は、分母の実数部と虚数部の大きさが等し

くなるのを条件にして求めることができる。

$$f_L = f_0(1 - \frac{1}{2Q}) \quad \cdots(3.26)$$

上記のカットオフ周波数のとき、ゲインは $Q/\sqrt{2}$、位相は－45度である。

$$f_H = f_0(1 + \frac{1}{2Q}) \quad \cdots(3.27)$$

上記のカットオフ周波数のとき、ゲインは $Q/\sqrt{2}$、位相は－135度である。f_L から f_H までがこの BPF を通過できる周波数であり、B を**バンド幅**（band width）という。

$$B = f_H - f_L$$
$$= \frac{f_0}{Q} \quad \cdots(3.28)$$

f_0 付近の任意の周波数におけるゲインと位相は、つぎの式から求めることができる。

$$|G|^2 = \frac{1}{4(1-\omega/\omega_0)^2 + 1/Q^2} \quad \cdots(3.29)$$

$$\tan\angle G = -\frac{1}{2Q}(1 - \frac{\omega}{\omega_0}) \quad \cdots(3.30)$$

3.4.2 AM ラジオの選局

AM ラジオは 500kHz から 1.6MHz の周波数の中で、1局あたり 8kHz のバンド幅で放送をしている。図3.14の実体図は図3.12の BPF のはたらきをする。

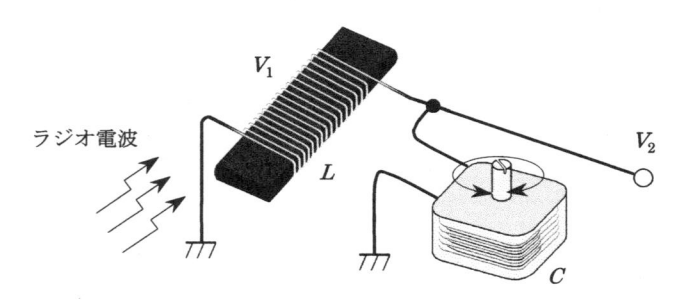

図 3.14 AM ラジオの選局

棒状フェライトに銅線を巻いて L を構成し、銅線の電気抵抗が R となる。また、電波によって L に信号 V_1 を発生させるアンテナのはたらきもする。そし

て C の両端に Q 倍の電圧 V_2 を発生させる。C は容量を変化できるキャパシタで、ツマミを回すと所望の放送の周波数に共振させることができ、信号をバンドパスして選局することが可能になっている。

3.4.3 選局の計算

(1) $L = 400\mu\text{H}$、$C = 25\text{pF}$ である。共振周波数を求めよ。

  文字式 $f_0^2 = 1/4\pi^2 LC$
  計算式 $f_0^2 = 1/4\pi^2 \times 400\mu \times 25\text{p} = 1/4\pi^2 \times 0.01\mu^2$
      $f_0 = 1/2\pi \times 0.1\mu = 1.59\text{M}$
  結果 1.59 MHz

(2) $L = 200\mu\text{H}$ で 800kHz に共振させる。C を求めよ。

  文字式 $C = 1/4\pi^2 f_0^2 L$
  計算式 $1/4\pi^2 \times 800^2\text{k}^2 \times 200\mu = 1/4\pi^2 \times 128\text{M} = 0.000198\mu$
  結果 198pF

(3) (2)項で $R = 10\Omega$ なら Q はいくらか。

  文字式 $Q = \omega_0 L/R$
  計算式 $2\pi \times 800\text{k} \times 200\mu / 10 = 101$
  結果 101

(4) (2)項でバンド幅はいくらか。

  文字式 $B = f_0/Q$
  計算式 $800\text{k}/101 = 7.92\text{k}$
  結果 7.92 kHz

3.5 ノッチフィルタ

特定の周波数の雑音を除去するのがノッチフィルタ（notch filter）である。テレビの音声回路で使われる**水平偏向**の雑音除去を例にして、ノッチフィルタのはたらきを学ぶ。

3.5.1 ノッチフィルタ回路

共振を利用したノッチフィルタの構成を図 3.15 に示した。Z_1 を R、Z_2 を L と C の直列と考える。インダクタ L のインピーダンスと、キャパシタ C のインピーダンスの符号が逆であるから、Z_2 は打ち消されて小さい値になる。

そして、共振条件 $\omega_0^2 LC = 1$ では、インダクタのリアクタンス ωL とキャパシタのリアクタンス $1/\omega C$ が等しくなると、Z_2 は打ち消されて 0 になる。このときフィルタの出力電圧 V_2 と伝達関数も 0 になる。つまり周波数 f_0 の信号やノイズは除去される。

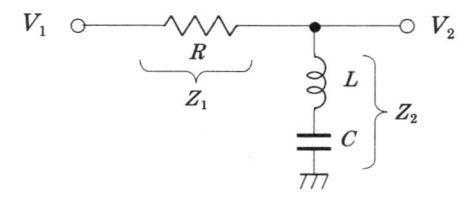

図 3.15 ノッチフィルタの構成

つぎに BPF のときと同じように伝達関数を求める。すなわち、共振周波数の付近でどのような減衰が得られるのか、必要な周波数の信号にどのような影響があるかを調べる。

$$G = \frac{Z_2}{Z_1 + Z_2}$$
$$= \frac{j\omega L + 1/j\omega C}{R + j\omega L + 1/j\omega C} \quad \cdots(3.31)$$

図 3.15 のノッチフィルタの伝達関数は (3.31) 式で表される。ここで共振条件 $\omega_0^2 LC = 1$ を入れると、つぎのように整理される。すなわち、分子から $\omega = \omega_0$ で伝達関数が 0 になることがわかる。

$$G = \frac{1 - \omega^2 LC}{j\omega CR + 1 - \omega^2 LC}$$
$$= \frac{1 - \omega^2/\omega_0^2}{j\dfrac{\omega/\omega_0}{Q} + 1 - \omega^2/\omega_0^2} \quad \cdots(3.32)$$

さらに f_0 の近傍の周波数 $f_0(1+\delta)$ について考えると、微小な δ について伝達関数は (3.33) 式のように全く簡単な形に表される。

$$G = \frac{1-(1+\delta)^2}{j\frac{1+\delta}{Q} + 1-(1+\delta)^2}$$

$$= \frac{-2\delta - \delta^2}{-2\delta - \delta^2 + j/Q}$$

$$\fallingdotseq \frac{1}{1 + j/2Q\delta} \qquad \cdots(3.33)$$

ゲインは(3.34)式のようになり、$\delta = \pm 1/2Q$ で $|G|^2 = 1/2$ つまりカットオフとなり**通過域**がわかる。また、δ がもっと小さくなると $|G| = 2\delta Q$ であるから、ゲインが $2\delta Q$ 以下を**遮断域**とすると、これは $\pm \delta$ であることがわかる。通過域から遮断域までが**遷移域**である。

$$|G|^2 = \frac{1}{1 + 1/4Q^2\delta^2} \qquad \cdots(3.34)$$

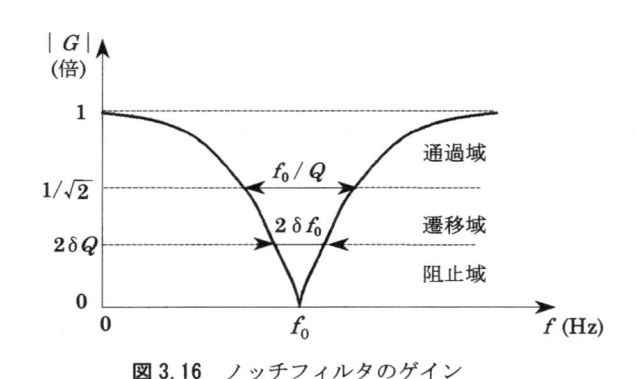

図 3.16 ノッチフィルタのゲイン

これらの関係を図 3.16 ノッチフィルタのゲインに示した。

3.5.2 テレビの水平妨害除去

テレビの音声回路で使われる水平偏向の雑音除去を例にして、ノッチフィルタの応用を学ぶ。

テレビには水平走査周期 15.75kHz の 30kV 程の電源がある。ところが音声信号は数ミリボルトを扱うので、これが雑音として混入し妨害を与えてしまう。

そこで小さい信号を扱う部分では 15.75kHz のノッチフィルタを通すと妨害が除去される。

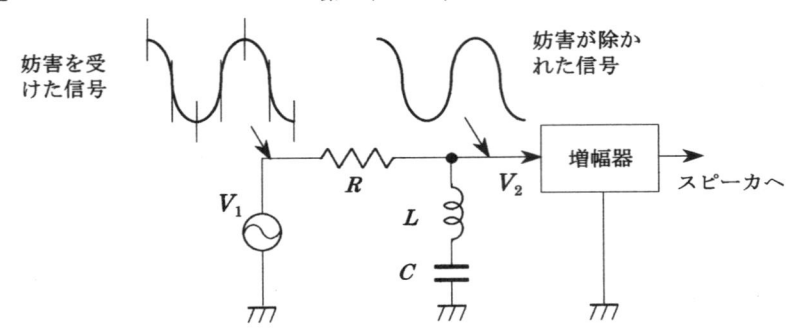

図 3.17 テレビの水平妨害除去

図 3.17 がその概念図である。このような目的で使うインダクタは、内部のコイルが水平妨害を受けないように、電界や磁界の影響を除外するシールドを施したものが使われる。

3.5.3 ノッチフィルタの計算

(1) $C = 0.056 \mu F$ で 15.75kHz に共振させる。L を求めよ。

  文字式 $L = 1/4\pi^2 f_0^2 C$
  計算式 $1/4\pi^2 \times 15.75^2 k^2 \times 0.056\mu = 0.00183$
  結果 1.83 mH
  説明 ・実際には 1.8 mH のインダクタを使うことになる。

(2) $L = 680\mu H$ で 15.75kHz に共振させる。C を求めよ。

  文字式 $C = 1/4\pi^2 f_0^2 L$
  計算式 $1/4\pi^2 \times 15.75^2 k^2 \times 680\mu = 0.15\mu$
  結果 $0.15\mu F$

(3) (2)項で $R = 20\Omega$ なら Q はいくらか。

  文字式 $Q = \omega_0 L/R$
  計算式 $2\pi \times 15.75 k \times 680\mu / 20 = 3.36$
  結果 3.36

(4) (2)項でゲインが 1/10 以下となる帯域はいくらか。

  文字式 $2\delta f_0 = |G| f_0 / Q$

計算式　$0.1 \times 15.75\text{k}/3.36 = 0.469\text{k}$

結果　469 Hz

3.6　ディジタルフィルタの知識

3.6.1　ディジタルフィルタとは

　ディジタルフィルタは、図 3.18 のように AD 変換器、DA 変換器を置いてアナログの入出力を可能にし、この間に遅延器を設けて、遅延による位相シフトを利用して周波数特性を形づくる。

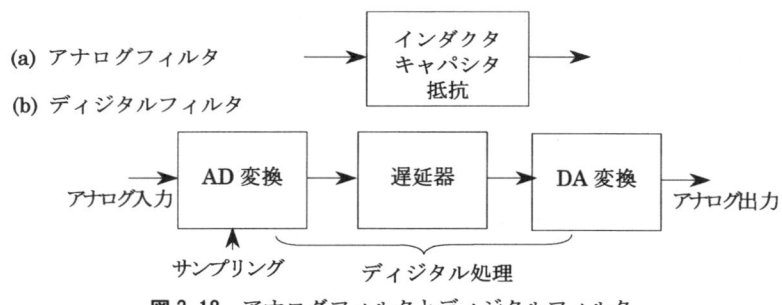

図 3.18　アナログフィルタとディジタルフィルタ

3.6.2　遅延前後の伝達関数

　遅延器のふるまいについて説明する。以降の図や式では、ディジタル化されている部分についても便宜上アナログ波形を用いて説明する。

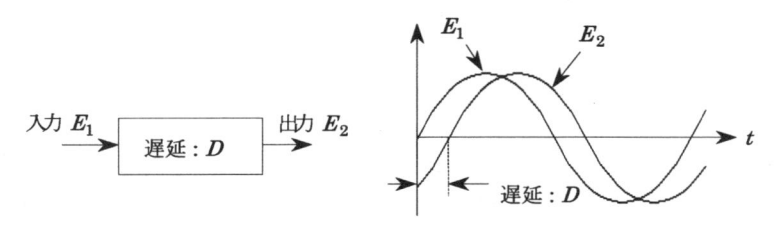

図 3.19　遅延器

　遅延器の入力電圧を $E_1 = e_1 \sin \omega t$、遅延器の遅延時間を D、出力電圧を E_2 としたとき、出力 E_2 は入力 E_1 より遅延時間 D だけ遅れるため、

$$E_2 = e_1 \sin\omega(t-D)$$
$$= e_1(\sin\omega t\cos\omega D - \cos\omega t\sin\omega D) \qquad \cdots(3.35)$$

となる。

(a) 入力 E_1 の極座標表示

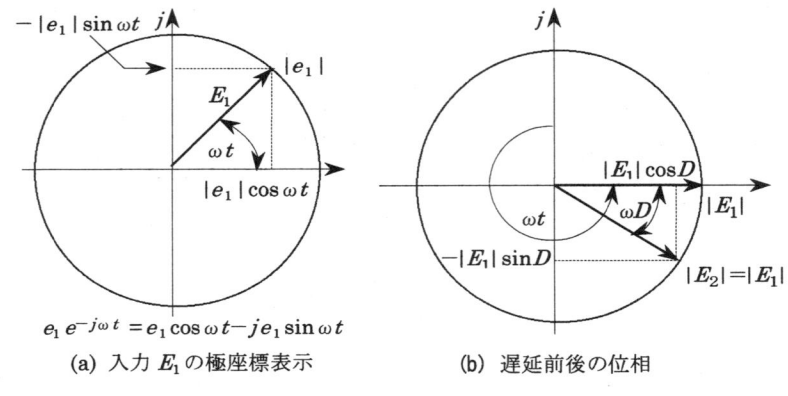

$e_1 e^{-j\omega t} = e_1\cos\omega t - je_1\sin\omega t$

(b) 遅延前後の位相

図 3.20 入力と遅延前後の位相の極座標表示

複素平面上では、図 3.20(a)のように、角速度 ω で回転する入力 E_1 に比べて、出力 E_2 は D だけ遅れて回転するため、E_1 と E_2 の位相関係は図 3.20(b)のようになり、出力 E_2 は、

$$E_2 = E_1(\cos\omega D - j\sin\omega D) \qquad \cdots(3.36)$$

になる。(3.36) 式はオイラーの公式を使って z 変換で、(3.37) 式のように表せる。

$$e^{-j\omega D} \equiv z^{-1}$$
$$E_2 = E_1 e^{-j\omega D} = E_1 z^{-1} \qquad \cdots(3.37)$$

以上より求める D の伝達関数は E_2/E_1 であるから、z^{-1} が求められる。遅延時間 D をサンプリング周期 T_S と同一にした体系は、z 変換とともにしばしばディジタル信号処理で用いられるので大変重要である。

3.6.3 ディジタル・ローパスフィルタ

前項の遅延 D を用いて図 3.21 に示すようなシンプルなローパスフィルタを構成する。

第3章 フィルタ

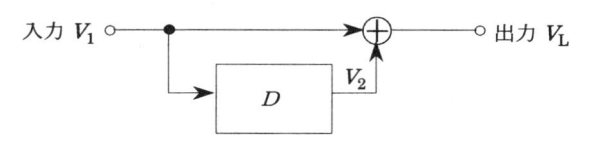

```
入力 V₁ ○──●────────────⊕───○ 出力 V_L
            │            │
            ▼   ┌───┐   V₂
                │ D │────
                └───┘
```

図 3.21 ローパスフィルタ

図で出力電圧 V_L は、入力電圧 V_1 そのものと遅延 D 通過後の入力 V_1 を加え合わせたものである。

$$V_L = V_1 + V_2 = V_1 + V_1 z^{-1} = V_1(1+z^{-1})$$

前項で求めた D の伝達関数を代入して、ローパスフィルタの伝達関数 $G_L (= V_L / V_1)$ を求めれば、

$$G_L = 1 + z^{-1} = 1 + \cos\omega D - j\sin\omega D$$

となる。ゲインの周波数特性は $|G_L|$ を三角関数の半角公式を用いて計算して、

$$|G_L| = [(1+\cos\omega D)^2 + \sin^2\omega D]^{\frac{1}{2}} = 2\left(\frac{1+\cos\omega D}{2}\right)^{\frac{1}{2}}$$

$$= 2\left|\cos\frac{\omega D}{2}\right| \qquad \cdots(3.38)$$

が求まる。アナログフィルタがエキスポーネンシャルな周波数曲線なのに対してディジタルフィルタは三角関数の曲線を描くことがわかる。

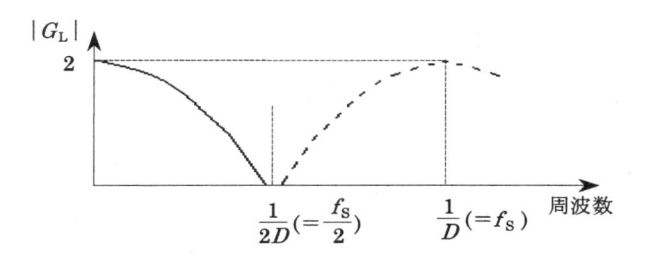

図 3.22 ローパスフィルタの周波数特性

図 3.22 は (3.38) 式を図示したものである。ディジタルフィルタは、他のディジタル信号処理でも同様に、サンプリング定理によりサンプリング周波数 f_S の 1/2（図では 1/2D）の周波数範囲以下でしか使えない。また、サンプリング周波数ごとに同じフィルタ曲線がくり返し続く。したがって、別のフィルタと併用する必要がある場合が多い。

3.6.4 ディジタル・ハイパスフィルタ

つぎには、遅延 D を用いたハイパスフィルタを構成する。図 3.23 はそのブロック図である。ローパスフィルタとの違いは、遅延 D からの出力電圧 V_2 を逆相にして入力 V_1 に加えることである。V_1 から V_2 を引算すると理解することもできる。

関係式は前項にならって、

$$V_H = V_1 - V_2 = V_1 - V_1 z^{-1} = V_1(1 - z^{-1})$$

であり、ハイパスフィルタの伝達関数 G_H は、

$$G_H = 1 - z^{-1} = 1 - \cos\omega D + j\sin\omega D$$

となる。ゲインの周波数特性を知るためには、$|G_H|$ を求める。

$$|G_H| = [(1-\cos\omega D)^2 + \sin^2\omega D]^{\frac{1}{2}} = 2\left(\frac{1-\cos\omega D}{2}\right)^{\frac{1}{2}}$$

$$= 2\left|\sin\frac{\omega D}{2}\right| \qquad \cdots(3.39)$$

図 3.23 ハイパスフィルタ

(3.39) 式をグラフにすれば、図 3.24 のようにハイパスフィルタの特性になる。使用する上で留意すべきポイントはローパスの場合と同様である。

以上説明した二種のフィルタの原理は、$1/2D$ の周波数では、遅延後の V_2 は入力 V_1 から半波長遅れ、すなわち逆相になるため、加算すれば打ち消しあって減衰極に、減算すれば 2 倍の出力の通過域になると理解すればわかりやすい。

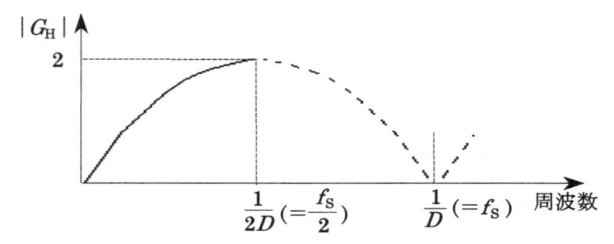

図 3.24 ハイパスフィルタの周波数特性

第4章

パルス回路

ディジタル信号は電源電圧と０Ｖを、**論理値**１と０に対応させたパルス(pulse) である。また、**映像信号**も 0.714V を 100％の白、０Ｖを黒に対応させたパルスで構成されている。この章では典型的なパルスである**方形波**の取り扱いを学ぶ。

4.1 積分回路

パルスを入力としたローパスフィルタ（LPF）を積分回路と呼ぶ。ディジタル信号やパルスを遅延するのに使われる。

4.1.1 積分回路の構成

積分回路は、図 4.1 に示すように LPF の構成をしている。伝達関数と周波数特性は、(3.10, 3.13〜3.15) 式であり、カットオフ周波数はつぎの式で定まる。

$$\omega_L = \frac{1}{CR} \qquad \cdots(4.1)$$

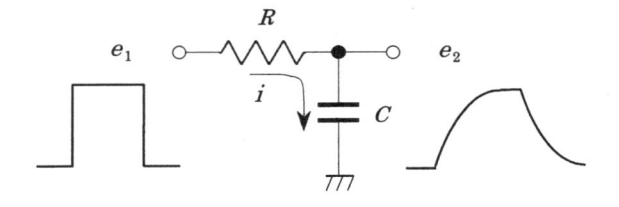

図 4.1 積分回路と波形

出力電圧 e_2 が入力電圧 e_1 に比べて微小なとき電流 i は e_1 に比例し、e_2 は i の積分値に比例する。すなわち、出力は入力の積分値に比例するので、この回路を積分回路と呼ぶ。

つぎに、積分回路に方形波を入力すると出力はどのようになるかを調べる。i に関しつぎの式が成立する。

$$i = C\frac{d}{dt}e_2 = \frac{e_1 - e_2}{R} \qquad \cdots(4.2)$$

e_1 が $t=0$ で 0 から E_1 に立ち上がったとき、e_2 を (4.3) 式とする。これを (4.2) 式に代入すると、(4.4) 式の条件で成立することがわかる。

$$e_2 = E_1\{1 - \exp(-\frac{t}{T_C})\} \qquad \cdots(4.3)$$

$$T_C = CR = \frac{1}{\omega_L} \qquad \cdots(4.4)$$

e_1 が $t=0$ で、E_1 から 0 に立ち下がったとする。e_2 を (4.5) 式とすれば、これを (4.2) 式に代入すると、やはり成立することがわかる。

$$e_2 = E_1 \exp(-\frac{t}{T_C}) \qquad \cdots(4.5)$$

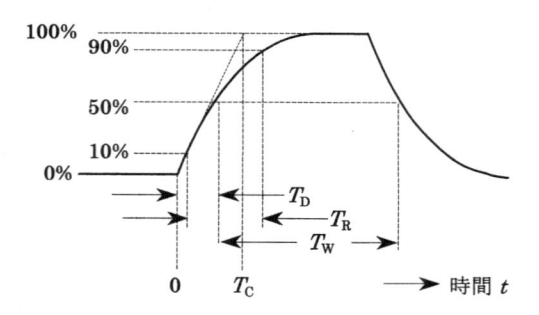

図 4.2 積分回路の出力波形

図 4.2 に出力波形 e_2 を示した。記号はつぎの意味を持つ。単位はすべて (s) である。

時定数	$T_C = CR$
遅延時間	$T_D = 0.69\,CR$
立ち上がり時間	$T_R = 2.2\,CR$
パルス幅	T_W：e_1 のパルス幅に等しい

4.1.2 画質調整回路（ソフト）

　映像をソフトにする画質調整回路を例に積分回路のはたらきを説明する。**映像信号**は 1 秒に 30 枚の映像情報を伝送している。1 枚の映像は 480 本の横線で構成され、線が左から右へ黒、白、黒となっていれば、これをくり返すと図 4.3 のように映像は縦縞になる。白が 70% なら映像信号は振幅が 0.5 V の方形波になる。

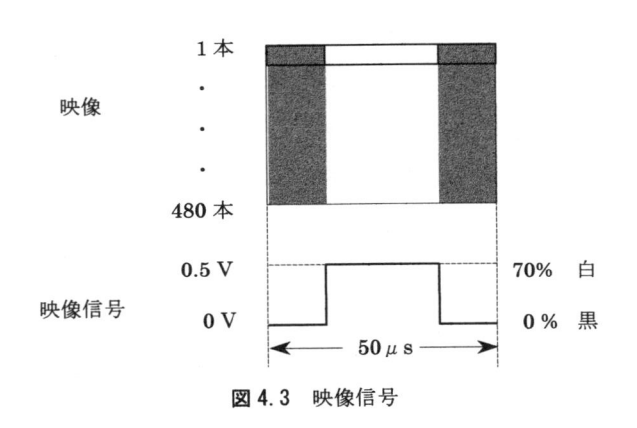

図 4.3 映像信号

　映像の輪郭は方形波の立ち上がりや立ち下がりの状況で決まる。積分回路を通すと立ち上がり時間を長くでき、黒と白の間が灰色となる。すなわち、映像の**エッジ**（輪郭）が穏やかとなり、画質がソフトになる。

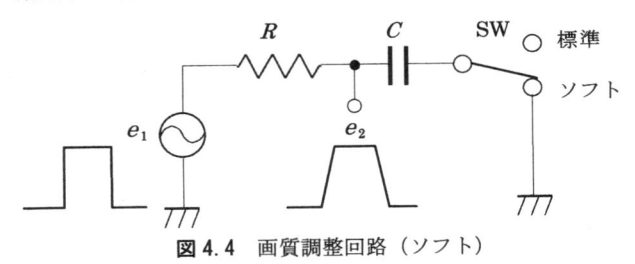

図 4.4 画質調整回路（ソフト）

　したがって、図 4.4 で記号 SW で表したスイッチを、ソフトの位置にすると画質をソフトにすることができ、標準の位置にすると画質調整ははたらかない。
　いま $R = 1\ \mathrm{k\Omega}$、$C = 100\ \mathrm{pF}$ とすると、$T_\mathrm{C} = 100\ \mathrm{ns}$ で、立ち上がり時間は 220 ns になる。映像の幅が 50 cm なら、エッジに 2.2 mm の灰色部が発生し画

質がソフトになる。

4.1.3 積分回路の計算

(1) 図 4.2 で時間が T_C では e_2 が何%になるか。

  文字式 $e_2/E_1 = 1 - \exp(-t/T_C)$
  計算式 $1 - 1/e = 0.632$
  結果 63.2 %
  説明 ・(4.3) 式から e_2/E_1 を求める。e は 2.72 とする。

(2) 図 4.2 で e_2 が 90 %になるのは T_C の何倍のときか。

  文字式 $t/T_C = -\ln(1 - e_2/E_1)$
  計算式 $-\ln(1 - 0.9) = 2.30$
  結果 2.3 倍
  説明 ・(4.3) 式を $1 - e_2/E_1 = \exp(-t/T_C)$ とし、t/T_C を求める。

4.2 微分回路

　パルスを入力としたハイパスフィルタ (HPF) を微分回路と呼ぶ。ディジタル信号のエッジを抽出したり、パルス幅を短縮するのに使われる。

4.2.1 微分回路の構成

　微分回路は、図 4.5 に示すように HPF の構成をしている。伝達関数と周波数特性は、(3.16)〜(3.19) 式である。カットオフ周波数はつぎの式で定まる。

$$\omega_H = \frac{1}{CR} \quad \cdots(4.6)$$

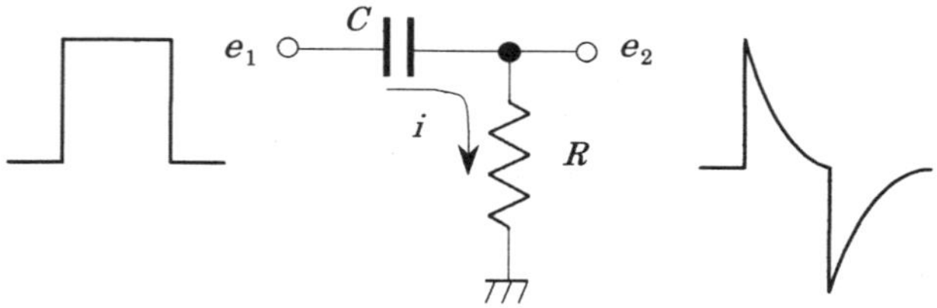

図 4.5 微分回路と波形

出力電圧 e_2 が入力電圧 e_1 に比べて微小なとき電流 i は e_1 に比例し、e_2 は i の微分値に比例する。すなわち、出力は入力の微分値に比例するので、この回路を微分回路と呼ぶ。

この HPF に方形波を入力すると出力はどのようになるかを調べる。i に関しつぎの式が成立する。

$$i = C\frac{\mathrm{d}}{\mathrm{d}t}(e_1 - e_2) = \frac{e_2}{R} \qquad \cdots(4.7)$$

e_1 が $t = 0$ で 0 から E_1 に立ち上がったとき、e_2 を (4.8) 式とする。これを (4.7) 式に代入すると、(4.9) 式の条件で成立することがわかる。

$$e_2 = E_1 \exp\left(-\frac{t}{T_\mathrm{C}}\right) \qquad \cdots(4.8)$$

$$T_\mathrm{C} = CR = \frac{1}{\omega_\mathrm{H}} \qquad \cdots(4.9)$$

e_1 が $t = 0$ で、E_1 から 0 に立ち下がったとする。e_2 を (4.10) 式とすれば、これを (4.7) 式に代入すると、やはり成立することがわかる。

$$e_2 = -E_1 \exp\left(-\frac{t}{T_\mathrm{C}}\right) \qquad \cdots(4.10)$$

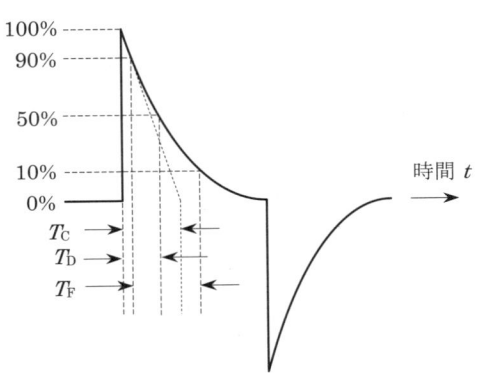

図 4.6 微分回路の出力波形

図 4.6 に出力波形 e_2 を示した。記号はつぎの意味を持つ。単位はすべて (s) である。

  時定数 $T_\mathrm{C} = CR$
  遅延時間 $T_\mathrm{D} = 0.69\,CR$
  立ち下がり時間 $T_\mathrm{F} = 2.2\,CR$

4.2.2 画質調整回路（クリア）

映像をクリアにする画質調整回路を例に微分回路のはたらきを説明する。微分回路を使って、立ち上がり信号を得ることができる。これを映像信号に加えるとオーバシュートができて、映像の輪郭が鮮明になる。この方法で映像をクリアにできる。

映像信号の立ち上がり信号は、図 4.7 の微分回路でスイッチ SW をクリアの位置にすると、e_2 として得ることができる。標準の位置にすると e_2 は 0 である。

この立ち上がり信号を、もとの信号 e_1 に加える回路例を図 4.8 に示した。クリアの位置にすると R に発生した立ち上がり信号が直列になり e_2 にオーバシュート付きの映像信号を得ることができる。

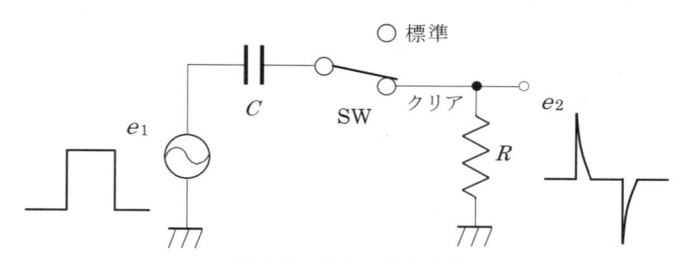

図 4.7　立ち上がり抽出

$a = 0.2$ ならオーバシュートは 20 % になる。また、$R = 1\ \text{k}\Omega$、$C = 100\ \text{pF}$ とすると、オーバシュートの幅は $T_b = 69\ \text{ns}$ である。映像の幅が 50 cm なら、エッジに 0.7 mm ほどの強調がなされ、画質がクリアになる。

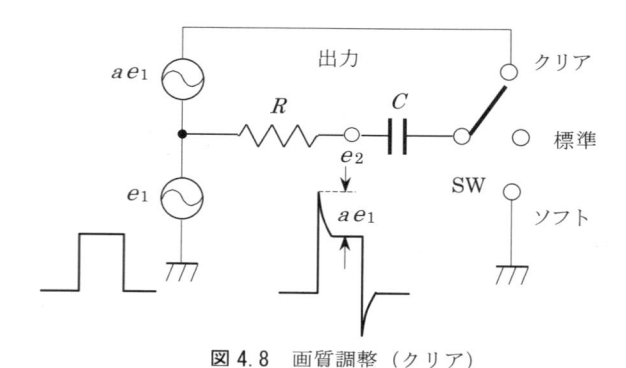

図 4.8　画質調整（クリア）

また、標準の位置にすると e_2 は e_1 となり、ソフトの位置にすると、立ち上がり時間が長くなった映像信号を得ることができる。このように図4.8によれば3段の画質調整ができる。

4.2.3 微分回路の計算

(1) 図4.6で時間が T_C では e_2 が何%になるか。

　　　　文字式　　$e_2/E_1 = \exp(-t/T_C)$
　　　　計算式　　$1/e = 0.368$
　　　　結果　　　36.8 %
　　　　説明　　・(4.3)式から e_2/E_1 を求める

(2) 図4.6で e_2 が90%になるのは T_C の何倍のときか。

　　　　文字式　　$t/T_C = -\ln(e_2/E_1)$
　　　　計算式　　$-\ln(0.9) = 0.105$
　　　　結果　　　0.105倍

4.3　映像信号の知識

4.3.1　テレビジョンのしくみとパルス技術

日ごろ慣れ親しんでいるテレビ（TV）は、さまざまなパルス応用回路から成り立っている。TV放送は、2000年末に始まったディジタルTV放送に逐次切り換わっていくであろうが、基本的な知識として、従来のアナログTVのしくみを知っておくことは決して無駄ではないと考えられる。

画像は縦横の広がりを持つ二次元の情報なので、アナログTVでもディジタルTVでも、これを伝送するためには縦横の広がりを、走査によって線の情報に変換して送信する。

走査は、画面の左上から始め下中央で終わる奇数フィールドと呼ばれる粗い画面と、上中央から始まり右下で終わる偶数フィールドという、奇数フィールドでは送信しなかった残りの粗い画面とを、2枚を続けて送信することにより1枚の画像の送信が完結するように行う。この走査を1秒間に30回くり返すことにより動画が伝送できるわけである。

64　　　　　　　　　第4章　パルス回路

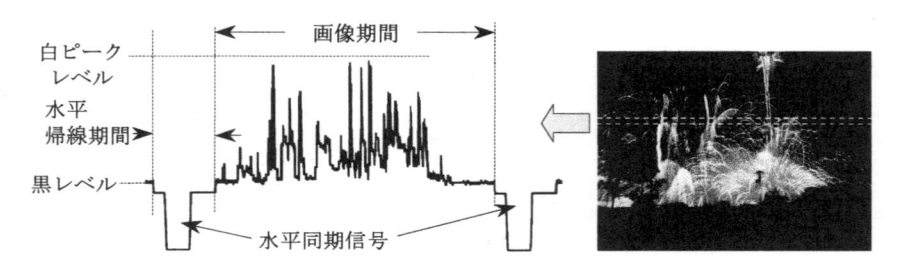

図4.9　映像信号の一例

　アナログ TV の場合は送信前に、画像の信号には走査線単位に分解された画像の信号を元の画面に戻すための水平および垂直同期信号とが複合される。したがってこれは、コンポジット（複合）映像信号と呼ばれる。
　画像の信号はさらに、画像の濃淡を表す輝度信号と色信号および色バースト信号と呼ばれる色信号を復調するための基準周波数、基準位相を伝送する信号に分かれている。
　輝度信号と水平同期信号の一例を図 4.9 に一走査線分示した。図で明らかなように、画像の濃淡は振幅方向の情報で表されている。同期信号は黒のレベルより、さらに黒側の振幅方向の情報として送信される。これらの信号は無数の振幅が異なるパルス波形が合成されたものと考えることができる。

4.3.2　テレビジョンの水平偏向回路

　ブラウン管式 TV 受信機の水平偏向回路は、放送局のカメラで画面を横方向に走査するのと同じ周波数で、ブラウン管内の電子ビームを左から右に偏向する偏向磁界を発生させるために、のこぎり波状の電流を偏向ヨークの水平巻線に流すのをおもな役割にしている。

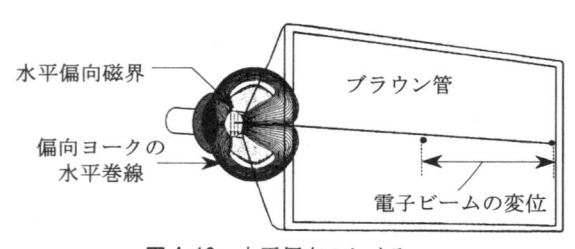

図4.10　水平偏向のしくみ

水平巻線は抵抗分を小さく抑えた、インダクタンスが主体の部品である。水平巻線にのこぎり波電流を流すには、図 4.11 のように、スイッチを介して直流電圧を巻線 L に与えればよい。

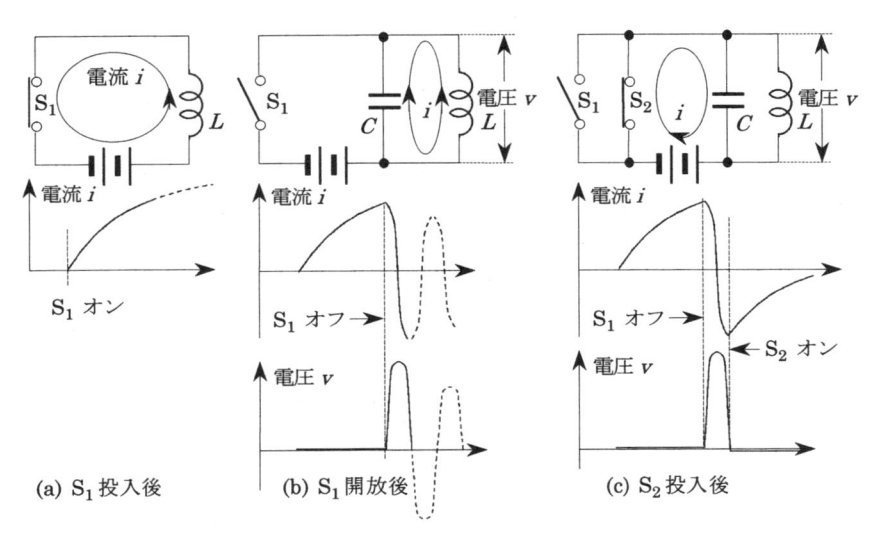

(a) S_1 投入後　　(b) S_1 開放後　　(c) S_2 投入後

図 4.11　水平偏向回路の原理

　図 4.11 で(a)図はスイッチ S_1 を閉じた直後からのこぎり波電流が立ち上がることを示している。偏向ヨークの水平巻線 L を流れるのこぎり波電流が、ブラウン管右端まで電子ビームを偏向するのに十分なレベルに達したら、(b)図のように S_1 を開いてのこぎり波電流を遮断する。

　ここで、水平巻線 L と並列にキャパシタ C を入れておくと、スイッチ開放後に行き先がなくなった、水平巻線に磁気的に蓄えられたエネルギーは、キャパシタとの間を還流する振動電流になり、この共振周波数（$=1/2\pi\sqrt{LC}$）は水平帰線時間の 2 倍の逆数に選ばれる。電圧 v は、S_1 開放直後から立ち上がり電流より 90 度遅れた波形になる。

　(c)図のようにスイッチ S_2 を設け、電圧 v がマイナス側に振れようとするタイミングで S_2 を投入すると、振動はダンプされて振動エネルギーは逆向きののこぎり波電流となって水平巻線を流れる。この逆向きの電流は電源を通って充電する方向に流れるため、電源の負担は軽減される。以上の過程により、水平

巻線を流れるのこぎり波電流は、(a)図の S_1 が閉じているときのものと、(c)図の S_2 が閉じているときのものが、ほぼ半分ずつの電流を分担しあったものである。

実際の水平偏向回路では S_1 はトランジスタを用い、S_2 にはダイオードを用いる。トランジスタおよびダイオードには、電源電圧が 110V の場合、800V に達する電圧 v がかかり、電流 i も約 5A にもなるため、高耐圧、大電流用の品種が使われている。いままで説明したように、水平偏向回路は巧妙にしつらえられたパルス回路といえる。

4.3.3　アナログ TV の同期分離回路

TV 受信機では放送されてくる映像を、前項の走査と同様のタイミングで並べなおして、画像を映出する必要がある。このために送信されてくる**同期信号**には二種類ある。1 枚の画像の最初に入れられた**垂直同期信号**と、画像を横長の短冊状に分解してつくられる走査線の開始位置を示す**水平同期信号**である。図 4.12 には、垂直同期信号の近傍の信号波形を示した。

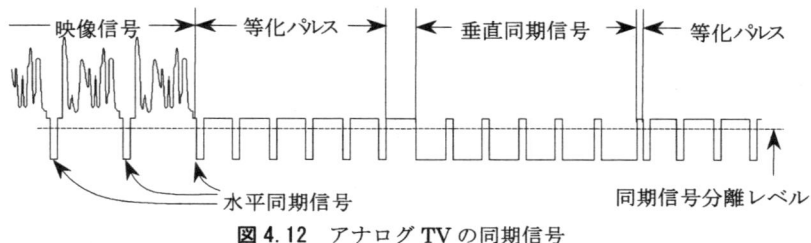

図 4.12　アナログ TV の同期信号

複合映像信号から同期信号を取り出すには、同期信号の先端をクランプ回路で固定してから、先端から内側の部分を、たとえば、図中に点線で示したレベルで分離すればよい。

このようにして同期信号は振幅で分離することができるが、同じ振幅の水平同期信号と垂直同期信号は、このままでは分離することができない。前節で学んだ微分回路や積分回路を応用すれば、水平同期信号と垂直同期信号を分けて取り出すことが可能になる　（図 4.13）。

第4章 パルス回路

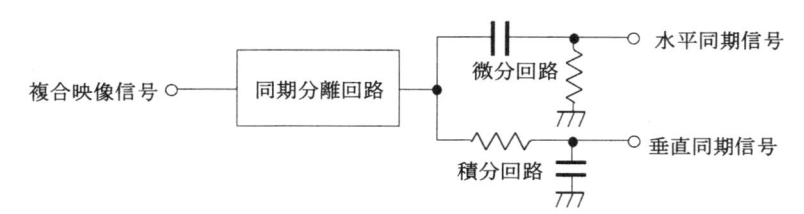

図 4.13 水平同期信号と垂直同期信号の分離

　微分回路や積分回路を用いた水平同期信号と垂直同期信号の分離は一種の周波数分離であり，図 4.14 に示すとおり，積分回路に同期信号を通せば幅が広いパルスである垂直同期信号を取り出すことができ，微分回路からは幅が狭い水平同期信号が分別される。なお，等化パルスは積分回路の出力を奇数フィールドと偶数フィールドで同一にするためのものであり，垂直同期信号の中の切り込みは，この期間中でも水平同期のための微分出力を出し続け水平発振周波数を安定させるように工夫されたものである。

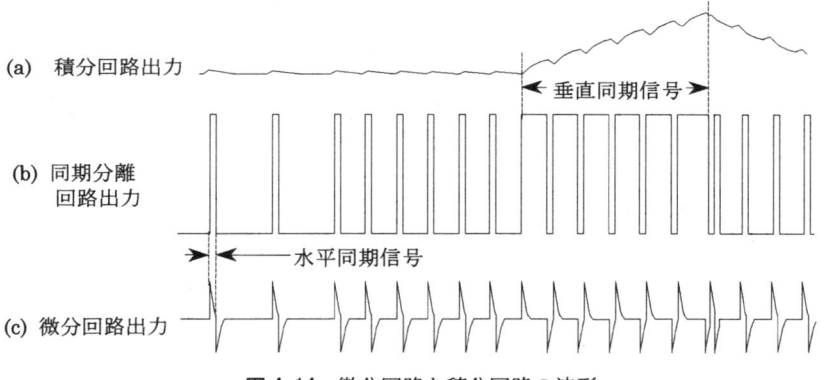

図 4.14 微分回路と積分回路の波形

第 5 章
ダイオード

ダイオードは、**アノード**と**カソード**の 2 つの電極を持った部品である。アノードからカソードへ電流が流れるが、カソードからアノードへは流れない。この章ではダイオードの特性と、これを応用した整流回路を学ぶ。

5.1 ダイオードの特性

シリコンを使ったダイオードでは、電流を流すとアノード（anode：陽極）とカソード（cathode：陰極）間の電圧が約 0.7 V 発生する。電流を変えても電圧はあまり変化せず、少なくとも比例しないので、オームの法則に従わない特性を持つ。

5.1.1 ダイオードのはたらき

シリコンダイオードは、自由電子が余った n 型シリコンと、自由電子が不足した p 型シリコンを付き合わせた図 5.1 の構造をしている。

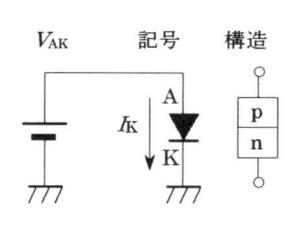

図 5.1 ダイオードの記号と構造 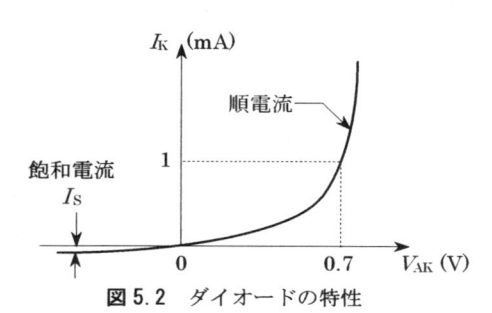　　図 5.2 ダイオードの特性

p 型のアノードが正、n 型のカソードが負の電圧に接続されると、電子はカソードからアノードへ移動する。したがって、アノードからカソードへ電流が流れるが、カソードからアノードへの電流はほとんど流れない。

ダイオードのアノード A とカソード K 間に電圧 V_{AK} を加えて、カソード電流 I_K を流す回路を図 5.1 に示した。

I_K と V_{AK} はつぎの式に従うことが知られている。

$$I_K = I_S \left(\exp \frac{V_{AK}}{V_d} - 1\right) \quad \cdots(5.1)$$

$$V_d = \frac{kT}{q} \quad \cdots(5.2)$$

V_d は熱電圧と呼ばれ、つぎに示す定数を適用すると 26 mV になる。

電子の電荷　　　$q : 1.6 \times 10^{-19}$ C
ボルツマン定数　$k : 1.38 \times 10^{-23}$ J/K
絶対温度　　　　$T : 300$ K

I_S は**飽和電流**と呼ばれ、図 5.2 では無視できるほど小さい。

5.1.2　ダイオードの等価回路

図 5.2 に示したように、V_{AK} が増えると I_K も増える。(5.1) 式からその傾きを求めると I_K / V_d と近似できる。

そこで**動作点**（動作の中心となる電圧と電流）を V_0 と I_0 とし、動作点の付近で V_{AK} が e 増え I_K が i 増えたとすると、つぎの式のように表すことができる。ここで、r_d は動作点付近の抵抗であり、**動抵抗**という。

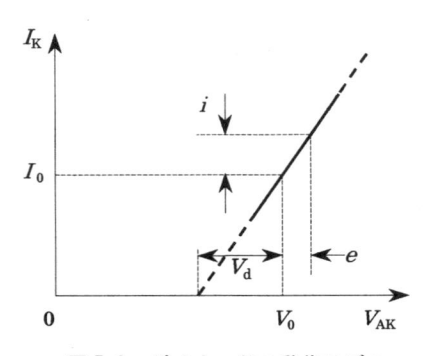

図 5.3　ダイオードの動作モデル

第 5 章 ダイオード

$$i = e\frac{I_K}{V_d}$$
$$= \frac{e}{r_d} \quad \cdots(5.3)$$

$$r_d = \frac{V_d}{I_0} \quad \cdots(5.4)$$

　(5.3) 式と (5.4) 式をグラフに表せば図 5.3 のようになって、ダイオードの動作は直線でモデル化できる。

　このモデルによれば図 5.4 のように、ダイオードを電源と抵抗で表すことができる。これを等価回路という。熱電圧 V_d は (5.4) 式に示したように、動抵抗 r_d による電圧降下である。

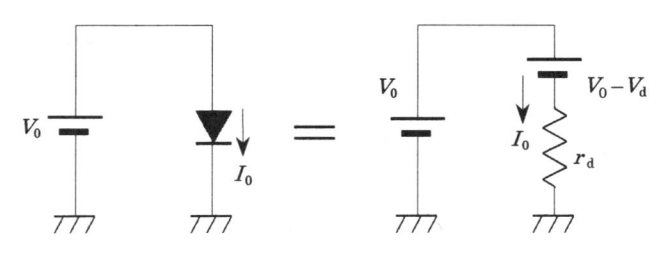

図 5.4　ダイオードの等価回路

5.1.3　ダイオードの計算

(1) ダイオードに 15μA の電流を流すと動抵抗はいくらか。

　　　文字式　　$r_d = V_d / I_0$
　　　計算式　　26 m/15μ = 1.73 k
　　　結果　　　1.73 kΩ

(2) 動抵抗を 200Ω にする。必要なカソード電流を求めよ。

　　　文字式　　$I_0 = V_d / r_d$
　　　計算式　　26 m /200 = 0.13 m
　　　結果　　　130μA

(3) 動作点が 0.721V、1.02mA である。アノード・カソード間電圧を 0.726V とするとカソード電流はいくらになるか。

　　　文字式　　$e = V_{AK} - V_0$

$i = e(I_0/V_d)$

$I_K = I_0 + i$

したがって、$I_K = I_0 + (V_{AK} - V_0)(I_0/V_d)$

計算式　1.02m+ (0.726 −0.721)(1.02m/26m) = 1.22m

結果　　1.22 mA

5.2　整流回路

5.2.1　整流回路の構成

ダイオードはアノードからカソードに電流が流れるがカソードからアノードには流れない。したがって、図5.5の整流回路では、交流電圧 e を入力すると、ダイオードのカソードから交流のうち正の電圧が出力される。すなわち、交流を直流に変換することができる。

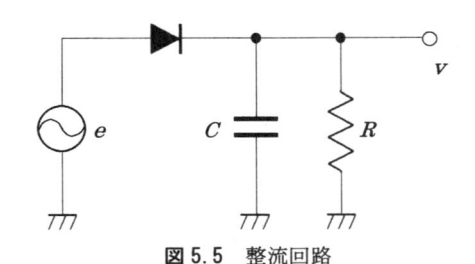

図5.5　整流回路

5.2.2　整流回路の波形

図5.5で、交流をつぎの正弦波とする。

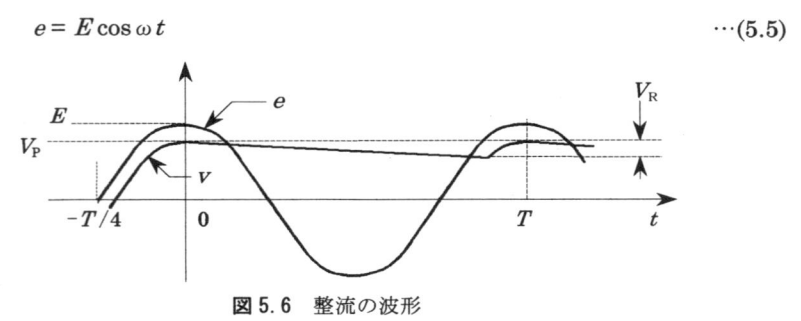

$$e = E\cos\omega t \quad \cdots(5.5)$$

図5.6　整流の波形

整流回路の入力と出力の波形は図5.6のように表される。$t = -T/4$で交流を入力すると、この交流電圧は $t = 0$ で最大の値 E になる。この間ダイオードのアノード・カソード間には正の電圧がかかり、入力よりアノード・カソード間電圧だけ低い出力が出る。この最大値を V_P とする。

$$v = e - V_{AK} \qquad \cdots(5.6)$$
$$V_P = E - V_{AK} \qquad \cdots(5.7)$$

つぎに t が 0 を超えるとダイオードに電流が流れなくなる。出力は当初 V_P であるが、抵抗 R がキャパシタ C の電荷を放電するので低下していく。時定数 CR が交流の周期 T より十分に大きいとつぎのように近似できる。これは(4.5)式にもとづいている。

$$v = V_P \exp(-\frac{t}{CR})$$
$$= V_P (1 - \frac{t}{CR}) \qquad \cdots(5.8)$$

したがって、リップル V_R は、$t = T$ での低下にほぼ等しい。

$$V_R = V_P - V_P(1 - \frac{T}{CR}) = \frac{V_P T}{CR} \qquad \cdots(5.9)$$

実際には $t = T$ になる直前でダイオードに電流が流れて、出力は V_P まで上昇していく。

このように出力は交流の振幅に近い直流電圧が得られ、リップル分の変動をくり返す。

5.2.3 整流回路の計算

(1) 図 5.5 の整流回路に実効値 10V の交流を入力する。出力の最大値を求めよ。ただし、V_{AK} は 0.7V とする。

    文字式　$V_P = E - V_{AK}$
    計算式　$10 \times \sqrt{2} - 0.7 = 13.4$
    結果　　13.4V
    説明　・交流電圧を通常は実効値で表す。振幅 はその$\sqrt{2}$倍である。

(2) 上記で $C = 470 \mu$F、$R = 1$ kΩ、交流の周波数が 60Hz ならリップルはいくらか。

文字式　　$V_R = V_P/fCR$
計算式　　$13.4/60 \times 470\mu \times 1\mathrm{k} = 0.475$
結果　　　475mV

5.3 ダイオードの知識

5.3.1 p型半導体とn型半導体

　安定な元素を質量の軽い順に拾い出すと、まずヘリウム（He）が挙げられ、ヘリウム原子の持つ電子の数は2個である。つぎのネオン（Ne）は、原子核のまわりを回転している電子の総数は10個であるが、外側をまわる外殻電子の数は8個であることが知られており、図5.7(a)および(b)に示したヘリウムとネオンの原子モデルが、原子の安定な状態を指し示すと考えられる。

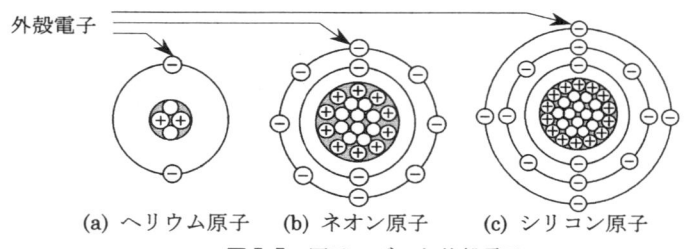

(a) ヘリウム原子　　(b) ネオン原子　　(c) シリコン原子

図5.7　原子モデルと外殻電子

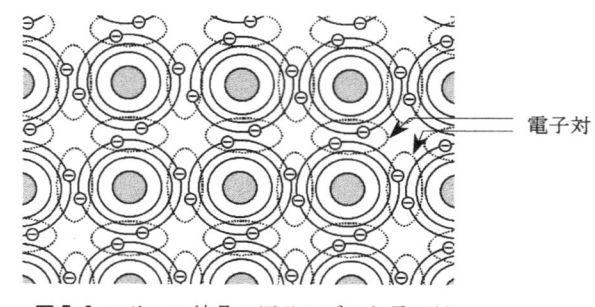

図5.8　シリコン結晶の原子モデルと電子対

　導体と絶縁物の中間の導電性を示す半導体材料であるシリコン（Si）の外殻電子数は図5.7(c)のように4個であるが、シリコンの結晶中では、隣り合うシ

リコン原子がそれぞれ電子を拠出しあって電子対をつくり、図 5.8 のように、**共有結合**と呼ばれる、あたかも外殻電子が 8 個であるかのような安定な状態をつくっている。

シリコンは周期表上で第IV族に属する元素であるが、シリコンの結晶中に不純物として、第V族のリン（P）が混じり込んでいたとする。リンの外殻電子の数は 5 個あるが、うち 4 個は図 5.9(a)のように電子対に取り込まれ束縛されることになり、残る 1 個の電子は、光や熱などの形で比較的小さなエネルギーが与えられた場合、自由に結晶中を移動し得るので、結晶は導電性を示すことになる。この例のように、自由電子により**導電性**を示す半導体を **n 型半導体**といい、リンのように電子を結晶中に与える物質はドナー（donor）と呼ぶ。

なお、電子を放出したリン原子は、電気的な中性が破れて＋イオン化するが、半導体の電気伝導には関係しない。

導電性に寄与する電子　　　　　電子が欠除しているホール

(a) n 型半導体　　　　　(b) p 型半導体

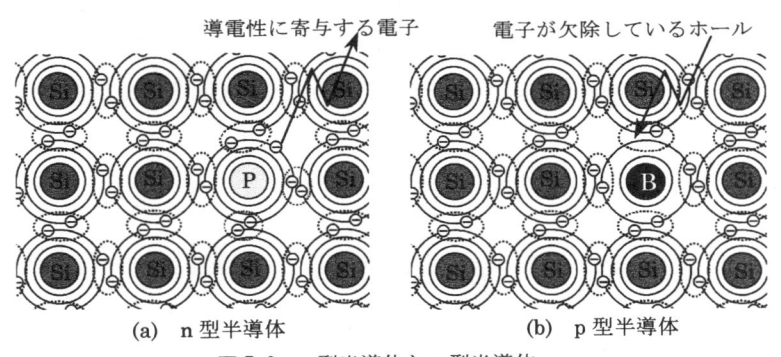

図 5.9 n 型半導体と p 型半導体

一方、図 5.9(b)のように、外殻電子が 3 個の第Ⅲ族の不純物、たとえばホウ素（B）が混じったシリコンの結晶中では、ホウ素とシリコン間で共有結合を形成するための電子が 1 個不足することになる。しかし、この不足状態は、ほかのシリコン同士の共有結合から、電子を受け入れることにより、解消することができる。電子を供給したために電子が抜けた孔を**ホール**（hole：正孔）と呼び、ホウ素のように電子を受け入れる物質をアクセプタ（acceptor）という。ホールはマイナスの電荷を持つ電子の抜け孔なので、プラスの電荷を持っている。ホールは、電子の欠除を補う電子の移動につれて、結晶内を移動することができるので、結晶は導電性を示す。このような半導体を **p 型半導体**という。

電子を受け取ったホウ素原子は−イオン化し、電子を渡したほうのシリコン原子は＋にイオン化するが、いずれも電気伝導には関与しない。

5.3.2 p型半導体とn型半導体とを接合させたダイオード

半導体結晶中で電子の持ち得るエネルギーは、共有結合に束縛された電子の場合には小さく（図 5.10 中、下側の斜線部分：**価電子帯**）、結合から解き放たれた電子の場合には大きい（同図の上側斜線部分：**伝導帯**）。そして、両者の中間には約 1.1eV（エレクトロンボルト）の電子が持つことができないポテンシャルの範囲が存在する（同図の白抜き部分：**禁制帯**または**禁止帯**）。

ところが、アクセプタを含むp型半導体では、禁制帯中の共有結合状態のわずか上のエネルギーレベル（アクセプタ準位という）の電子でも受け入れることができ、受け入れた後には価電子帯にホールをつくる［図 5.10(a)］。n型半導体の場合にはドナーが、伝導帯のわずかに下のエネルギーレベル（ドナー準位という）から電子を伝導帯に放出することができる［図 5.10(b)］。これらのメカニズムにより生じたホールや電子は、常温程度の温度でも半導体に導電性を与える。

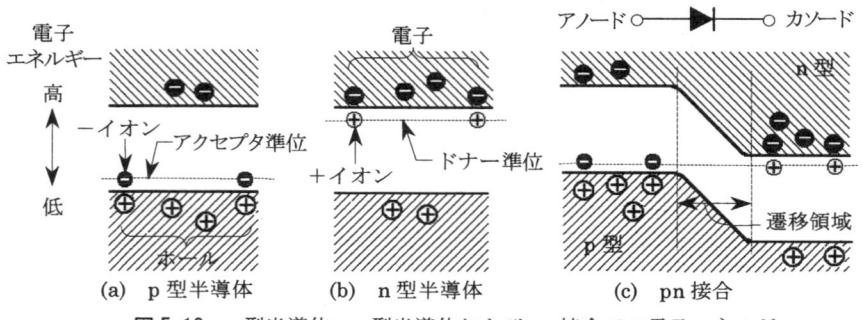

図 5.10 p型半導体、n型半導体およびpn接合での電子エネルギー

図 5.10 で、ホールは ⊕ の記号で、電子は ● の記号を用いて記し、＋イオンと−イオンはそれぞれ、⊕ と ● で記している。p型半導体とn型半導体を接合させて pn 接合にすると、p 型領域のホールは密度が低い n 型領域に**拡散**（diffusion）する。拡散とは、色インクを水中に垂らしたとき、しばらく後にインクが水と交じり合って、インクの密度が均一になるのと同様なメカニズム

である。n型領域の電子も同様にp型領域に拡散していき、ホールと電子の両者が出会えば光を放って再結合する。この結果、p型とn型が接する遷移領域ではホールも電子も存在しなくなり、移動することができないイオンによるn型領域を＋、p型領域を－にした電界が形づくられる。電界が発生すると、ホールと電子は電界に逆らっては拡散できなくなり、平衡状態に入る。

平衡に達したpn接合のポテンシャルを揃えて図示すれば、図5.10(c)のように折れ曲がった形となり、接合部分に電位障壁（potential barrier）が形成されることがわかる。この障壁のため、外部からこれを薄める電圧が印加されない限り、pn接合を通じて電流を流すことはできない。

5.3.3 ダイオードに電圧を印加する

pn接合のp型側をアノードに、n型側をカソードにしたダイオードをつくり、図5.11(a)、(b)のように順方向および逆方向に電圧を印加したケースを考える。

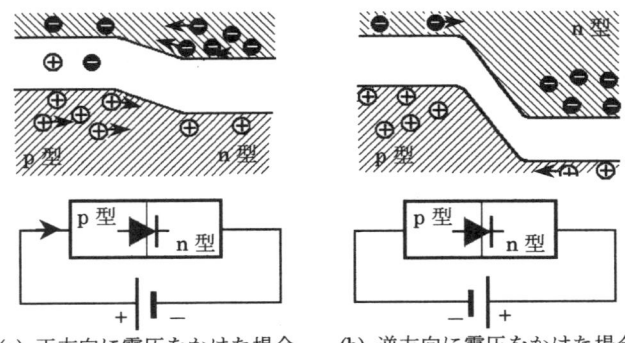

(a) 正方向に電圧をかけた場合　　(b) 逆方向に電圧をかけた場合
図5.11　pn接合型ダイオードに正・逆方向の電圧をかける

図5.11(a)の順方向に電圧を加えたケースでは、接合遷移部の電位障壁は電池の電圧で低められ、n型領域の電子やp型領域のホールは、障壁を越えて相手の領域に入り、そこで再結合し消滅する。消滅した分の電流は電池から補充され、これが順方向電流となって流れる。

図5.11(b)の逆方向に電池を繋いだ場合、電位の障壁はさらに高くなる方向であり、n型領域にわずかに存在するホールとp型領域の少数の電子のみが、障壁を越えて、ごくわずかな逆方向電流（飽和電流）として流れるのみとなる。

5.3.4 いろいろなダイオード

ダイオードの種類のうち、一般的なものとしては、高周波の小信号の検波やスイッチングに使用するガラス封じのダイオードや電源整流用のダイオードがある。電池を電源にする携帯電話などの機器では、0.6〜0.7V の順電圧 V_F が電圧ロスとしては大きいので、0.35〜0.6V の V_F で立ち上がる**ショットキバリアダイオード**（SBD：Schottky Barrier Diode）が用いられる。これは n 型半導体を金属に接触させて pn 接合と同様な整流作用を得るもので、ダイオードの原型であったタイプである。

図は左から、小信号用ダイオード、電源整流ダイオード、電源整流ブリッジダイオード、レーザーダイオード、チップダイオード(2種)

図 5.12 いろいろなダイオード

このほかにも、p 層の不純物濃度を増大させて所定の逆電圧以上で逆電流がなだれ状に多く流れるようにして定電圧が得られるようにした**ゼナーダイオード**（zener diode）や、逆電圧印加時に蓄えられる電荷が逆電圧につれて減少することを利用して、同調回路の共振コンデンサの一部として利用される**バラクタダイオード**（varactor diode）、順方向電圧で励起された電子が再び安定状態に戻る際に、差分のエネルギーを光として放出する**発光ダイオード**（LED：Light Emmiting Diode）や**レーザーダイオード**（LD：Laser Diode）がある。

IC などを静電気破壊から防止する目的で使用される ESD（Elecro Static Discharge）**ダイオード**は、数十 kV のサージ電圧にあってもダイオード自体は破壊することなく、ゼナーダイオードと同様に電圧を抑制し、回路をサージから安全に保つ役割のものである。

第 6 章

バイポーラトランジスタ

バイポーラトランジスタは、通常**トランジスタ**と略す。**エミッタ**と**ベース**および**コレクタ**の3つの電極を持った部品であり、増幅作用を持つ。

この章ではバイポーラトランジスタの特性と、これを応用した電源回路および増幅回路を学ぶ。

6.1 バイポーラトランジスタの特性

ベースとコレクタ間はダイオードである。また、ベースとエミッタ間もダイオードである。この構造にもとづき、各電極に流れる電流の関係を調べる。

6.1.1 トランジスタのはたらき

npnトランジスタはn型のエミッタ(emitter)Eとn型のコレクタ(collector)Cでp型のベース(base)Bを挟んだ構造である。

図6.1に構造と記号を示した。構造中に記した矢印は電子の流れを示す。電

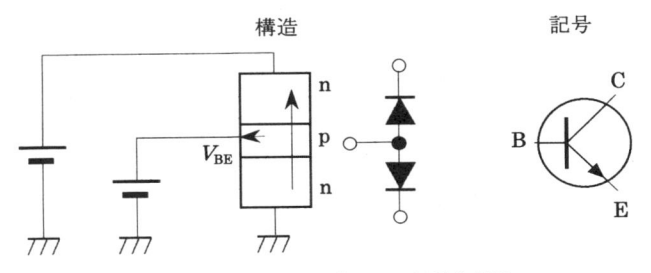

図 6.1 トランジスタの記号と構造

流は電子の流れと逆になる。エミッタからの電子はベースへ移動するが、ほとんどがベースを通り越してコレクタに達する。

その割合を**電流増幅率**αという。αは1倍に近い。その結果、わずかなベース電流 I_B でコレクタ電流 I_C やエミッタの電流 I_E を制御できることになる。また、I_B に対する I_C の割合を電流増幅率 β という。β は10倍から1000倍にも達する。これらの関係をつぎの式と図 6.2 に示した。

$$I_E = I_B + I_C \qquad \cdots(6.1)$$

$$\alpha = \frac{I_C}{I_E} \qquad \cdots(6.2)$$

$$\beta = \frac{I_C}{I_B}$$

$$= \frac{\alpha}{1-\alpha} \qquad \cdots(6.3)$$

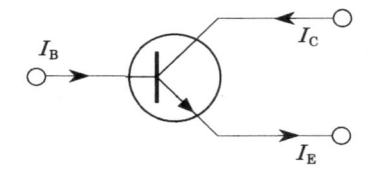

図 6.2 トランジスタの電流

6.1.2 トランジスタの等価回路

トランジスタはコレクタ電圧を変えてもコレクタ電流はほとんど変わらない性質がある。

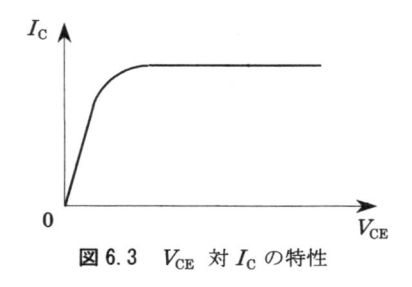

図 6.3 V_{CE} 対 I_C の特性

しかし、図 6.3 に示したように、コレクタ電圧がベース電圧より低下すると低下し始める。したがって、コレクタ電圧がベース電圧よりおおむね高ければ、

コレクタ電流は**電流源**として利用できる。

図 6.4 はトランジスタの等価回路である。(b)図はコレクタを電流源 I_C で表した等価回路である。コレクタ電流はベース・エミッタ間の電圧で定まりベース・エミッタはダイオードであるから、(c)図ではダイオードの等価回路と電流源 I_C を組み合わせてトランジスタを等価回路で表している。V_0 はエミッタ電流が I_0 のときのベース・エミッタ間電圧降下であり、つまり動作点である。また、r_d は動抵抗、V_d は熱電圧であり kT/q すなわち約 26 mV である。

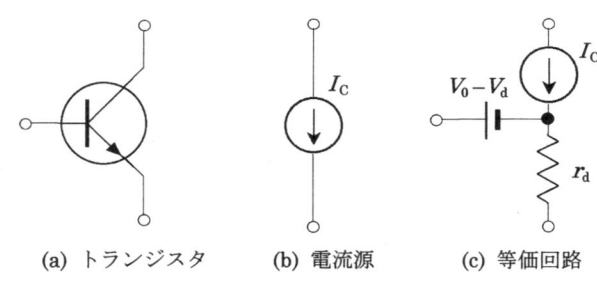

(a) トランジスタ　　(b) 電流源　　(c) 等価回路

図 6.4　トランジスタの等価回路

6.1.3 トランジスタの計算

(1) α が 0.95 なら β はいくらか。

　　文字式　$\beta = \alpha/(1-\alpha)$
　　計算式　$0.95/(1-0.95) = 19$
　　結果　　19 倍

(2) 上記で I_E が 1 mA なら I_B および I_C はいくらか。

　　文字式　$I_B = (1-\alpha)I_E$
　　　　　　$I_C = \alpha I_E$
　　計算式　$(1-0.95)\times 1\,\text{m} = 0.05\,\text{m}$
　　　　　　$0.95 \times 1\,\text{m} = 0.95\,\text{m}$
　　結果　　50 μA および 950 μA

(3) 動作点が 0.621V、520 μA である。ベース・エミッタ間電圧を 0.626V とするとエミッタ電流はいくらになるか。ただし、α は 1 とする。

文字式　$I_E = I_0 + i$
　　　　　　$= I_0 + e/r_d$
　　　　　　$= I_0 + (V_{BE} - V_0)/r_d$
　　　　　　$= I_0 + (V_{BE} - V_0)(I_0/V_d)$

計算式　$520\mu + (0.626 - 0.621) \times 520\mu / 26m = 520\mu + 0.1m$

結果　　$620\mu A$

説明　・5.1.3項のダイオードの計算(3)を参考にせよ。

6.2　コレクタ接地増幅回路

6.2.1　コレクタ接地の回路構成

図 6.5 に示したように、ベースに信号を加え、エミッタから出力を取り出し、コレクタは電源を通して接地されている。電圧ゲインは1倍であるが、電流を$1+\beta$倍に増幅するので大きい電流を取り出すことができるから、映像や音声の信号伝送の直前に使う。この回路は、エミッタフォロワとも呼ばれる。

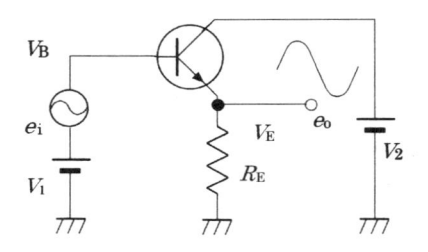

図 6.5　コレクタ接地

6.2.2　コレクタ接地の回路動作

電流増幅率αが1倍として、エミッタ電圧V_E、エミッタ電流I_Eを求める。

$$V_E = V_B - V_0 \qquad \cdots (6.4)$$

$$I_E = \frac{V_E}{R_E} = \frac{V_B - V_0}{R_E} \qquad \cdots (6.5)$$

ここで、$V_B = V_1$とすると動作点がわかる。すなわち、入力信号e_iが**0**のときに相当する。動抵抗はつぎのようになる。

$$r_\mathrm{d} = \frac{V_\mathrm{d}}{I_0} = \frac{R_\mathrm{E} V_\mathrm{d}}{V_1 - V_0} \qquad \cdots (6.6)$$

つぎに e_i が加わった場合について考える。I_E の変化が無視できれば、つぎのようにエミッタ電圧はベース電圧が V_0 降下するわけであるから、e_i が係数1で出力されるので、ゲインは1倍である。

$$V_B = V_1 + e_\mathrm{i} \qquad \cdots (6.7)$$

$$V_\mathrm{E} = V_B - V_0 = V_1 + e_\mathrm{i} - V_0 \qquad \cdots (6.8)$$

一般に増幅回路は出力端子では交流電源のはたらきをしている。電池に内部抵抗があるように交流電源にも内部抵抗がある。したがって、増幅器の出力端子にも内部抵抗があって、これを**出力抵抗**と呼ぶ。

コレクタ接地の場合、出力抵抗は、エミッタの内部の動抵抗 r_d が R_E より十分小さいと、r_d になる。

また、ベース電流はエミッタ電流の $1/(1+\beta)$ であるから、**入力抵抗**はエミッタ抵抗の $1+\beta$ 倍になる。

6.2.3 コレクタ接地の計算

(1) コンポジット映像端子に2Vの信号を75Ωの抵抗を介して供給する。図6.5において $V_1 = 5.1$ V、$V_2 = 9$ V、$R_\mathrm{E} = 220$ Ω、$\alpha = 1$、$V_0 = 0.7$ V としたときのエミッタ電圧 V_E を求めよ。

    文字式　$V_\mathrm{E} = V_1 - V_0$
    計算式　$5.1 - 0.7 = 4.4$
    結果　　4.4V

(2) 上記の動作点 I_0 を求めよ。

    文字式　$I_0 = V_\mathrm{E} / R_\mathrm{E}$
    計算式　$4.4/220 = 0.02$
    結果　　20 mA

(3) 上記の出力抵抗は r_d となる。これを求めよ。

    文字式　$r_\mathrm{d} = V_\mathrm{d} / I_0$
    計算式　$26\,\mathrm{m}/20\,\mathrm{m} = 1.3$

結果　1.3 Ω

6.3 エミッタ接地増幅回路

6.3.1 エミッタ接地の回路構成

図 6.6 に示したように、ベースに信号を加え、コレクタから出力を取り出し、エミッタは抵抗を通して接地している。ゲインはエミッタの抵抗とコレクタの抵抗の比であり、工夫をすると 100 倍程度得られるので、マイクロフォンの微少信号の増幅などに広く用いられる。

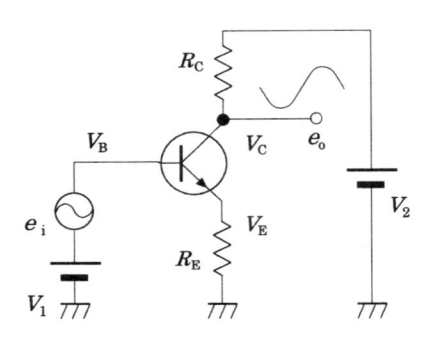

図 6.6 エミッタ接地

6.3.2 エミッタ接地の回路動作

電流増幅率 α が 1 倍すなわち $I_C = I_E$ および、(6.4) 式、(6.5) 式から、コレクタ電圧 V_C を求める。

$$V_C = V_2 - R_C I_C \qquad \cdots (6.9)$$

$$= V_2 - A(V_B - V_0) \qquad \cdots (6.10)$$

ただし、A は R_C/R_E である。

ここで、$V_B = V_1$ とするとつぎのように動作点がわかる。すなわち、入力信号 e_i が 0 のときに相当する。

$$V_C = V_2 - A(V_1 - V_0) \qquad \cdots (6.11)$$

つぎに e_i が加わった場合について考える。すなわち (6.12) 式の場合である。コレクタには e_i が係数 $-A$ で出力されるので、ゲインは A 倍であり位相は反転する。

$$V_C = V_2 - A(V_1 - V_0) - A e_i \qquad \cdots(6.12)$$

ただし、r_d が R_E に比べて無視できないときは、交流ゲインは低下して $A' = R_C/(R_E + r_d)$ となると考える。

また、出力抵抗は R_C で、入力抵抗は $(1+\beta)R_E$ である。

6.3.3 エミッタ接地の計算

(1) マイクロフォンから 4 mV の信号を得ている。図 6.6 において $V_1 = 780$ mV、$V_2 = 9$ V、$R_E = 100\,\Omega$、$R_C = 3.9$ kΩ、$\alpha = 1$、$V_0 = 0.65$ V としたときのエミッタ電圧 V_E を求めよ。信号 e_i と e_o の振幅は各々 E_i と E_o で表す。

  文字式 $V_E = V_1 - V_0$
  計算式 $780\,\text{m} - 0.65 = 130\,\text{m}$
  結果 130 mV

(2) 上記の動作点 I_0 を求めよ。

  文字式 $I_0 = V_E/R_E$
  計算式 $130\,\text{m}/100 = 1.3\,\text{m}$
  結果 1.3 mA

(3) 上記のゲインを求めよ。

  文字式 $A' = R_C/(R_E + r_d) = R_C/(R_E + V_d/I_0)$
  計算式 $3.9\,\text{k}/(100 + 26\,\text{m}/1.3\,\text{m}) = 0.0325\,\text{k} = 32.5$
  結果 32.5 倍

(4) 上記の出力振幅を求めよ。

  文字式 $E_o = A' E_i$
  計算式 $32.5 \times 4\,\text{m} = 130\,\text{m}$
  結果 130 mV

6.4 ベース接地増幅回路

6.4.1 ベース接地の回路構成

図 6.7 に示したように、エミッタに信号を加え、コレクタから出力を取り出し、ベースは電源を通して接地している。ゲインはエミッタの抵抗とコレクタの抵抗の比であり、工夫をすると 100 倍程度得られる。ノイズが少ないので電波などの微少信号の増幅に使われる。

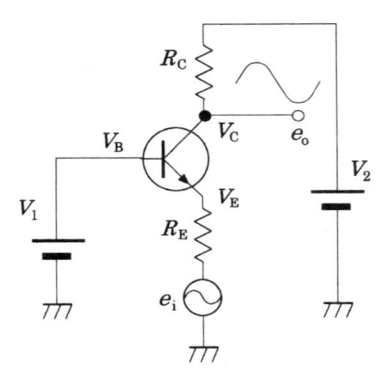

図 6.7 ベース接地

6.4.2 ベース接地の回路動作

電流増幅率 α が 1 倍すなわち $I_C = I_E$ および、(6.5) 式、(6.9) 式から、コレクタ電圧 V_C を求める。

$$I_E = \frac{V_E - e_i}{R_E} \qquad \cdots(6.13)$$

$$V_C = V_2 - R_C I_C = V_2 - R_C I_E \qquad \cdots(6.14)$$

ここで、入力信号 e_i が 0 とするとつぎのように動作点がわかる。ただし、A は R_C/R_E である。

$$V_C = V_2 - A(V_1 - V_0) \qquad \cdots(6.15)$$

つぎに e_i が加わった場合について考える。すなわち、(6.16) 式の場合、コ

第6章　バイポーラトランジスタ

レクタには e_i が係数 A で出力されるので、ゲインは A 倍である。

$$V_C = V_2 - A(V_1 - V_0) + Ae_i \qquad \cdots(6.16)$$

ベース接地の出力抵抗は R_C である。また、入力抵抗は、入力信号 e_i と直列に R_E が入っているので、少なくとも R_E であるがさらにエミッタの動抵抗 r_d が直列に接続されるので、$R_E + r_d$ である。

このことから r_d が R_E に比べて無視できないときは、交流ゲインは低下して $A' = R_C/(R_E + r_d)$ となると考える。

6.4.3　ベース接地の計算

(1) 1Vの映像信号を75Ωの入力抵抗で受けて、図6.7のベース接地で増幅する。$V_1 = 1.5\,\mathrm{V}$、$V_2 = 5\,\mathrm{V}$、$R_E = 75\,\Omega$、$R_C = 150\,\Omega$、$\alpha = 1$、$V_0 = 0.75\,\mathrm{V}$ としたときのエミッタ電圧 V_E を求めよ。

　　　文字式　　$V_E = V_1 - V_0$
　　　計算式　　$1.5 - 0.75 = 0.75$
　　　結果　　　0.75 V

(2) 上記の動作点 I_0 を求めよ。

　　　文字式　　$I_0 = V_E/R_E$
　　　計算式　　$0.75/75 = 0.01$
　　　結果　　　10 mA

(3) 上記のゲインを求めよ。

　　　文字式　　$A' = R_C/(R_E + r_d) = R_C/(R_E + V_d/I_0)$
　　　計算式　　$150/(75 + 26\,\mathrm{m}/10\,\mathrm{m}) = 150/77.6 = 1.93$
　　　結果　　　1.93 倍

(4) 上記の出力振幅を求めよ。

　　　文字式　　$E_o = A' E_i$
　　　計算式　　$1.93 \times 1 = 1.93$
　　　結果　　　1.93V

6.5 バイポーラトランジスタの知識

6.5.1 npnトランジスタの構造とはたらき

接合型ダイオードは不純物のタイプが異なる半導体を2層重ねて接合したものであったが、トランジスタの場合は3層の接合からできている。トランジスタにはp型半導体を挟んで両側にn型半導体を配置した**npnトランジスタ**と、これとは逆の組み合わせである**pnpトランジスタ**の2種がある。

npnトランジスタは、n型の不純物濃度を高くしたn^+層をエミッタに、不純物濃度の低いp層とn層をそれぞれベースとコレクタにしている。その構造は、回路図上のイメージを優先して上下を逆転させて描いた、図6.8に示している。

図6.8で、ベース・エミッタ間にベースを＋側にしたベースバイアス電源が加わると、ベース層からはホールがエミッタに向けて注入され（図では省略）、一方、エミッタからは電子が注入され、この両者がエミッタ電流となる。このうち、多数を占めるエミッタから注入された電子は、ベースとの境界も順方向にバイアスされているので障害なく乗り越えてベース層に到達する。このメカニズムは、5.3.3項のダイオードを順バイアスしたケースと同様である。

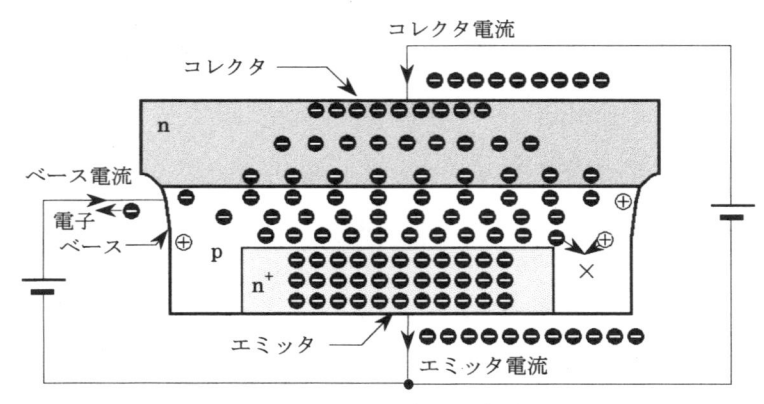

図6.8　npnトランジスタの構造と原理

ベースに突入した電子の一部はベース電流として流れ出し、他の一部はベース層に散りばめられているホールと再結合して消滅するが、大部分の電子は電

子密度が低いベース層の他の部分に向けて拡散していく。ダイオードとトランジスタとの違いは、トランジスタのベース層はごく薄くつくられているために、拡散によりベース層の中を広がった電子は容易にコレクタとの境界に達することである。

コレクタには、コレクタ電源によるプラスの電圧が印加されており、電子に対しては加速電界が形成されているので、コレクタ・ベース間の境界を越えた電子は一気に加速されてコレクタから流出する。

トランジスタの増幅作用は、このようにわずかのベース電流の変化により、大きなエミッタ電流やコレクタ電流の変化が得られることにある。また、ベース・エミッタ間の順バイアスされた pn 接合の入力インピーダンスより、コレクタ・ベース間の逆バイアスされた出力インピーダンスのほうが大きいので、エミッタ接地やベース接地で使用した場合に、コレクタの負荷インピーダンスを大きく選べることも、さらに大きな利得が得られることに繋がる。

図 6.8 のトランジスタは、メサ型（mesa：台形をした台地）と呼ばれるトランジスタの構造を模したものである。メサ型はコレクタ・ベース間接合部に折れ曲がりがなく、比較的高耐圧のトランジスタによく用いられる構造である。

6.5.2　pnp トランジスタ

pnp トランジスタは、npn トランジスタの n と p を入れ換えた構造である。p 型の不純物濃度を高くした p^+ 層をエミッタに、不純物濃度の低い n 層をベー

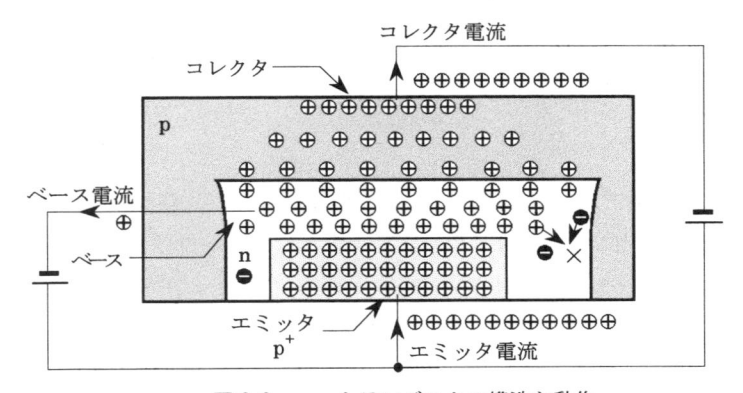

図 6.9　pnp トランジスタの構造と動作

スp層をコレクタにしている。電池の極性もnpnトランジスタの場合とは逆に接続する。動作のメカニズムは、前項の電子の流れを、電子が欠乏した状態でありプラスの電荷を持つホールに置き換え、電池の極性を逆に考えればよい。

図6.9はプレーナ（planer：平原）型と呼ばれるトランジスタ構造を借りてpnpトランジスタの動作原理を示したものである。プレーナ型構造は、バイポーラICでも用いられている構造である。

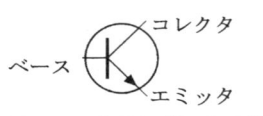

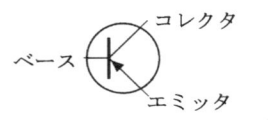

図6.10 トランジスタの記号

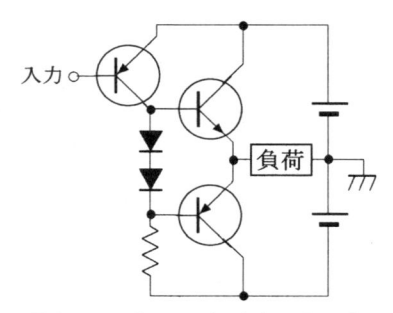

図6.11 プッシュプル音声出力回路

改めて、npnトランジスタ、pnpトランジスタの記号を図6.10に示す。これらは、日本工業規格 JIS C 0617-5 電気用図記号第5部：半導体及び電子管に基づいて標準的に用いられているものである。

pnpトランジスタは、npnトランジスタと相補性（complementary）を持つため、図6.11のように、プッシュプル（push-pull）音声出力回路に用いた場合などに、電圧ロスが少なく、前段の位相反転回路も不要になるなどの特長を持っている。

6.5.3 半導体デバイスの型名の付け方

トランジスタなどの半導体には 2SC…のような型名が付けられている。トランジスタなどはおおむね、日本情報技術産業協会（JEITA）が管理している図6.12の命名法に従って型名が付けられている。しかし、半導体デバイスはとくに進歩が著しく、複数の半導体が複合化された品種なども次々に開発されているので、必ずしもこのとおりとは限らず、メーカーが独自に名付けているケー

第6章　バイポーラトランジスタ

スも多い。

　トランジスタは、面実装用の小信号用チップから、200W 級の大電力用まで多くの品種が開発されており、そのパッケージもさまざまなタイプが用いられる。その一例を図 6.13 に示した。

半導体

0…フォトトランジスタ
1…ダイオードなど 2 端子
2…トランジスタなど 3 端子
3…4 端子のトランジスタ、ダイオードなど

JEITA 登録順一連番号

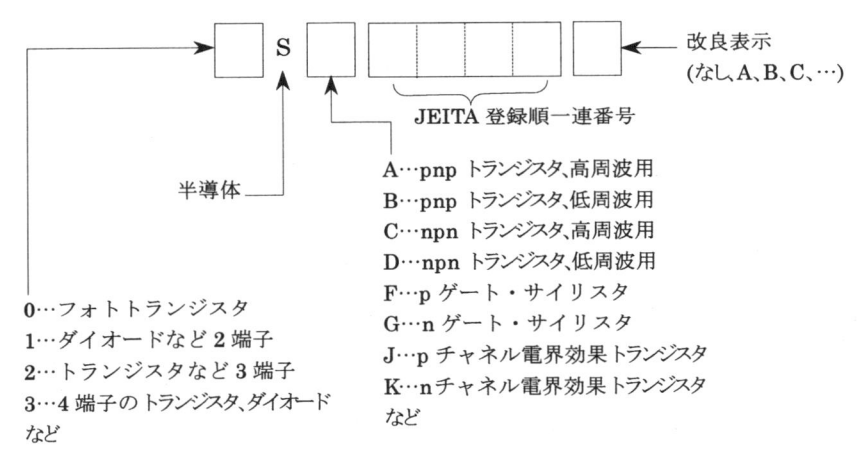

A…pnp トランジスタ、高周波用
B…pnp トランジスタ、低周波用
C…npn トランジスタ、高周波用
D…npn トランジスタ、低周波用
F…p ゲート・サイリスタ
G…n ゲート・サイリスタ
J…p チャネル電界効果トランジスタ
K…n チャネル電界効果トランジスタ
など

改良表示
(なし、A、B、C、…)

図 6.12　半導体デバイスの名称

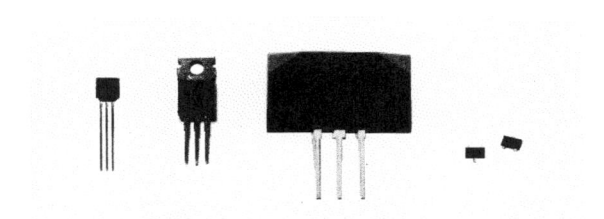

左から小信号用、中電力用、大電力用、小信号用チップ

図 6.13　いろいろなトランジスタ

第 7 章

MOS トランジスタ

MOS (Metal-Oxide-Semiconductor) トランジスタは**電界効果トランジスタ**の一種で、**ソース**（source）と**ゲート**（gate）および**ドレイン**（drain）の 3 つの電極を持った増幅素子である。単体部品や集積回路として多く使われている。この章では MOS トランジスタの特性と、これを応用した増幅回路を学ぶ。電界効果トランジスタは多くの種類と、それぞれにまたいくつかの記号がある。7.5 節ではこれらを紹介する。

7.1 MOS トランジスタの特性

ゲート G とソース S の間に電圧 V_{GS} を加えると、ソース S とドレイン D の間の電流が制御される。電流が流れ始める電圧を**スレッショルド** V_T という。

この節では加えた電圧と流れる電流の関係を調べる。

7.1.1 MOS トランジスタのはたらき

図 7.1 は MOS トランジスタの一例の断面を示す。酸化膜をアルミニウム（Al）と p 型シリコンで挟み、両端に電極を形成している。スレッショルド以上の電圧を加えるとシリコンの電子が膜の付近に集まる。したがって、ソースとドレインの間に電子の道（**チャネル**：channel）ができ、ソース電流 I_S が流れる。これが n チャネルトランジスタである。

流れる電流は (7.1) 式に従うことが知られている。

$$I_S = \frac{\beta\,(V_{GS}-V_T)^2}{2} = \frac{\beta\,V_e^2}{2} \qquad \cdots(7.1)$$

ゲート・ソース間電圧の V_T を超えた分が、ソース電流に寄与しているので V_e を**有効電圧**と呼ぶ。また β を**ゲインファクタ**と呼ぶ。

グラフで示すと図 7.2 のようになる。

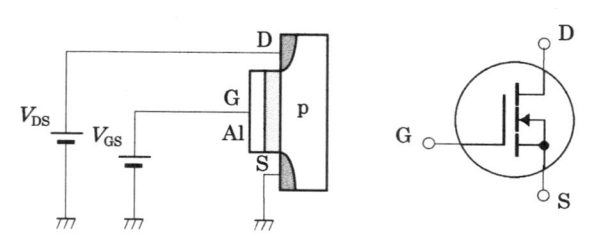

図 7.1　n チャネルトランジスタの構造と記号

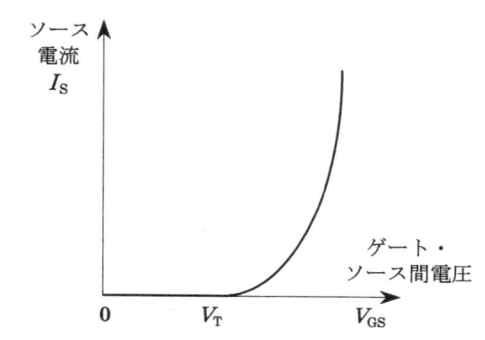

図 7.2　ゲート・ソース間のスレッショルド電圧

7.1.2　MOS トランジスタの等価回路

前節に示されたように、ゲート・ソース間電圧 V_{GS} が増えると I_S も増える。(7.1) 式からその傾きを求めると βV_e となる。そこで動作点 V_0 と I_0 の付近で V_{GS} が e 増え I_S が i 増えたとすると、つぎの式のように近似することができる。ここで、r_d は動作点付近の抵抗、すなわち動抵抗である。

$$i = \beta V_e e = \frac{e}{r_d} \qquad \cdots (7.2)$$

$$r_d = \frac{1}{\beta V_e} \qquad \cdots (7.3)$$

e と i の関係をグラフに表せば図 7.3 のようになる。

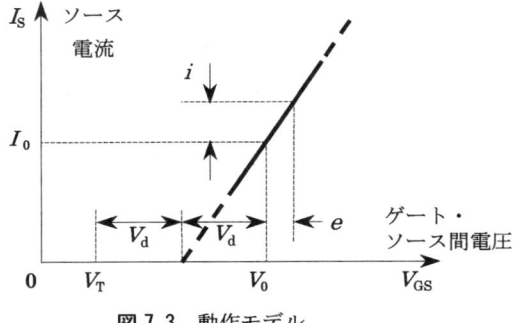

図 7.3　動作モデル

このような動作をバイポーラトランジスタと比較すると、動抵抗が（7.3）式で表される以外は同じなので、MOS トランジスタの等価回路は図 7.4 のように表すことができる。

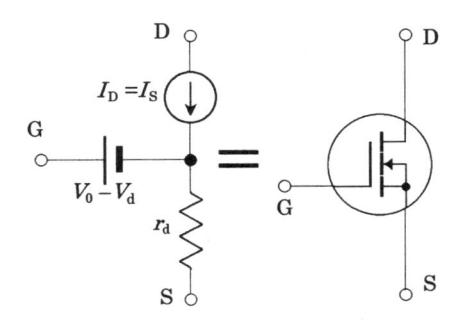

図 7.4　MOS トランジスタの等価回路

ここに、V_d は動抵抗の電圧降下であって、$V_e/2$ になることを 図 7.3 と（7.4）式に示した。

$$r_d I_0 = V_d = \frac{V_e}{2} \qquad \cdots(7.4)$$

以上のように動作する場合を飽和領域といい、V_{DS} が変化しても I_S はほとんど I_0 のまま変化しない。

しかし、V_{DS} が V_e より低い場合は線形領域といって、つぎの式および図 7.5 の破線のように V_{DS} の低下とともに I_S も低下する。

$$I_S = I_0 - \frac{\beta(V_e - V_{DS})^2}{2} \qquad \cdots(7.5)$$

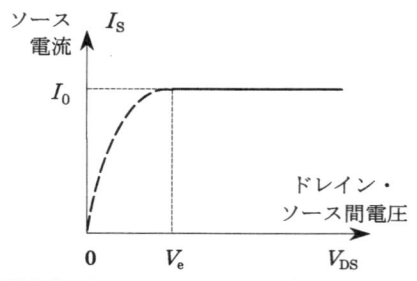

図 7.5 ドレイン・ソース間電圧対ソース電流特性

7.1.3 MOS トランジスタの計算

(1) β が $40\,\mathrm{mA/V^2}$、V_T が $2\,\mathrm{V}$ の MOS トランジスタがある。V_{GS} を $2.5\,\mathrm{V}$ 加えたときの有効電圧はいくらか。

文字式　$V_e = V_0 - V_T$
計算式　$2.5 - 2 = 0.5$
結果　　$500\,\mathrm{mV}$

(2) 上記で動抵抗はいくらか。

文字式　$r_d = 1/\beta V_e$
計算式　$1/40\,\mathrm{m} \times 0.5 = 0.05\,\mathrm{k}$
結果　　$50\,\Omega$

(3) 上記でソース電流はいくらになるか。

文字式　$I_0 = V_d/r_d$
計算式　$250\,\mathrm{m}/50 = 5\,\mathrm{m}$
結果　　$5\,\mathrm{mA}$
説明　・$V_d = V_e/2$

7.2　ドレイン接地

7.2.1　ドレイン接地の回路構成

図 7.6 に示したように、ドレインは電源を通して接地している。ゲートに信号を加え、ソースから出力を取り出す。ゲインは 1 倍であるが、出力抵抗が低

いので映像や音声の信号伝送の直前に使う。

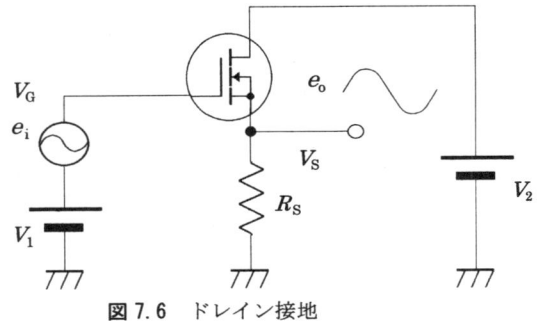

図 7.6 ドレイン接地

7.2.2 ドレイン接地の回路動作

ソース電圧 V_S、ソース電流 I_S はつぎの式に従う。

$$V_S = V_G - V_0 \quad \cdots(7.6)$$

$$I_S = \frac{V_S}{R_S} = \frac{V_G - V_0}{R_S} \quad \cdots(7.7)$$

$V_G = V_1$ なら、$I_S = I_0$ である。

つぎに微少な電圧 e_i が加わった場合について考えると、ソースには e_i が係数1で出力されるので、ゲインは1倍である。

$$V_G = V_1 + e_i \quad \cdots(7.8)$$

$$V_S = V_G - V_0 = V_1 + e_i - V_0 \quad \cdots(7.9)$$

このとき、動抵抗はつぎのようになる。

$$r_d = \frac{V_d}{I_0} \quad \cdots(7.10)$$

出力抵抗は r_d と R_S の並列の値になるが R_S を無視できる場合が多い。

7.2.3 ドレイン接地の計算

(1) 音声のライン端子にドレイン接地回路から信号を供給する。図 7.6 において、$V_1 = 7.1\,\text{V}$、$V_2 = 9\,\text{V}$、MOS トランジスタの β が $50\,\text{mA/V}^2$、V_T が 1.5 V である。動作点を $V_0 = 1.6\,\text{V}$、$I_0 = 250\,\mu\text{A}$ とするに必要な R_S を求めよ。

文字式　$R_S = V_S / I_0 = (V_1 - V_0) / I_0$

計算式 　$(7.1-1.6)/250\mu = 0.022\,\mathrm{M}$

結果　　$22\,\mathrm{k\Omega}$

(2) 上記で出力抵抗はいくらか。

文字式　$r_\mathrm{d} = 1/\beta\,V_\mathrm{e} = 1/\beta\,(V_0 - V_\mathrm{T})$

計算式　$1/50\,\mathrm{m}\,(1.6-1.5) = 1/5\,\mathrm{m} = 0.2\,\mathrm{k}$

結果　　$200\,\Omega$

7.3　ソース接地

7.3.1　ソース接地の回路構成

図 7.7 にソース接地回路の例を示す。

　ゲートに信号を加え、ドレインから出力を取り出し、ソースは抵抗を通して接地している。ゲインはエミッタの抵抗とコレクタの抵抗の比であり、工夫をすると 100 倍程度得られるので、マイクロフォンの微少信号の増幅などによく使われる。

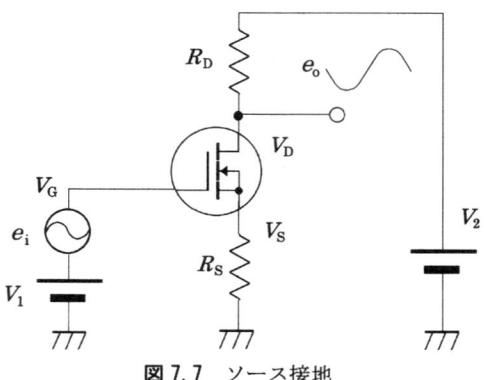

図 7.7　ソース接地

7.3.2　ソース接地の回路動作

　ドレイン電圧 V_D はつぎの式で表される。そして $I_\mathrm{D} = I_\mathrm{S}$ であり I_S は (7.7) 式に示されているので、これを整理すると (7.12) 式のようになる。

$$V_\mathrm{D} = V_2 - R_\mathrm{D} I_\mathrm{D} \qquad \cdots (7.11)$$

$$\phantom{V_\mathrm{D}} = V_2 - A(V_\mathrm{G} - V_0) \qquad \cdots (7.12)$$

ただし、A は R_D/R_S である。

ここで、$V_G = V_1$ とするとドレイン電圧の動作点がわかる。すなわち、入力信号 e_i が 0 のときに相当する。

$$V_D = V_2 - A(V_1 - V_0) \qquad \cdots(7.13)$$

つぎに e_i が加わった場合について考える。すなわち、(7.14) 式の場合、コレクタには e_i が係数 $-A$ で出力されるので、ゲインは A 倍で、位相は反転する。

$$V_C = V_2 - A(V_1 - V_0) - Ae_i \qquad \cdots(7.14)$$

ただし、r_d が R_S に比べて無視できないとき、交流ゲインは低下する。これは r_d が R_S と直列になっているからで、ゲインを $R_D/(R_S + r_d)$ と考える。

7.3.3 ソース接地の計算

(1) マイクロフォンから 4 mV の信号を得て、図 7.7 のソース接地回路で増幅するが、ゲインを上げるため $R_S = 0$ とする。また、$R_D = 560\ \Omega$、$V_1 = 2\ V$、$V_2 = 9\ V$、MOS トランジスタの β が $50\ mA/V^2$、V_T が $1.5\ V$ である。動抵抗を求めよ。信号 e_i と e_o の振幅は各々 E_i と E_o で表す。

  文字式 $r_d = 1/\beta V_e = 1/\beta(V_0 - V_T) = 1/\beta(V_1 - V_T)$
  計算式 $1/50\ m \times (2 - 1.5) = 0.04\ k$
  結果 40 Ω

(2) 上記でソース電流を求めよ。

  文字式 $I_0 = V_d/r_d = V_e/2r_d = (V_1 - V_T)/2r_d$
  計算式 $(2-1.5)/2 \times 40 = 0.00625$
  結果 6.25 mA

(3) 上記でドレイン電圧を求めよ。

  文字式 $V_D = V_2 - R_D I_0$
  計算式 $9 - 560 \times 6.25\ m = 9 - 3500\ m = 9 - 3.5 = 5.5$
  結果 5.5 V

(4) 上記で出力振幅を求めよ。

  文字式 $E_o = E_i A = E_i R_D/(R_S + r_d)$

計算式　　$4\,\mathrm{m} \times 560/(0+40) = 56\,\mathrm{mV}$

結果　　　$56\,\mathrm{mV}$

7.4　ゲート接地

7.4.1　ゲート接地の回路構成

図 7.8 に示したように、ソースに信号を加え、ドレインから出力を取り出し、ゲートは電源を通して接地している。ゲインはソースの抵抗とドレインの抵抗の比であり、工夫をすると 100 倍程度得られる。ノイズが少ないので電波などの微少信号の増幅に使われる。

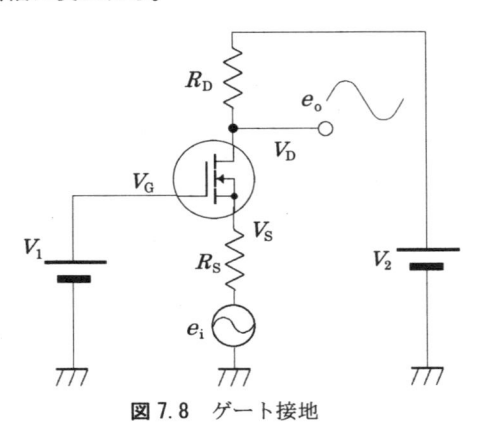

図 7.8　ゲート接地

7.4.2　ゲート接地の回路動作

ソース電流 I_S とドレイン電圧 V_D は、つぎの式で表すことができる。

$$I_\mathrm{S} = \frac{V_\mathrm{S} - e_\mathrm{i}}{R_\mathrm{S}} \qquad \cdots (7.15)$$

$$V_\mathrm{D} = V_2 - R_\mathrm{D} I_\mathrm{D} = V_2 - R_\mathrm{D} I_\mathrm{S} \qquad \cdots (7.16)$$

ここで、入力信号 e_i が 0 とするとドレインの動作点がわかる。ただし、A は $R_\mathrm{D}/R_\mathrm{S}$ である。

$$V_\mathrm{D} = V_2 - A(V_1 - V_0) \qquad \cdots (7.17)$$

つぎに e_i が加わった場合について考える。すなわち、(7.18) 式の場合、ド

レインには e_i が係数 A で出力されるので、ゲインは A 倍である。

$$V_D = V_2 - A(V_1 - V_0) + A e_i \qquad \cdots(7.18)$$

ゲート接地の出力抵抗は R_D である。

また、ゲート接地の入力抵抗は、入力信号 e_i と R_S と動抵抗 r_d が直列に接続されるので、$R_S + r_d$ である。

このことから r_d が R_S に比べて無視できないときは、交流ゲインは低下して $R_D/(R_S + r_d)$ になると考える。

7.4.3 ゲート接地の計算

(1) 100 mV の音声信号を、図 7.8 のゲート接地回路で増幅する。$R_S = 1\,\mathrm{k\Omega}$、$R_D = 18\,\mathrm{k\Omega}$ とする。また、$V_1 = 2.3\,\mathrm{V}$、$V_2 = 9\,\mathrm{V}$、MOS トランジスタの $\beta = 40\,\mathrm{mA/V^2}$、$V_T = 2\,\mathrm{V}$ であり、$V_0 = 2.1\,\mathrm{V}$ で使用する。動抵抗を求めよ。

　　文字式　$r_d = 1/\beta V_e = 1/\beta(V_0 - V_T)$
　　計算式　$1/40\,\mathrm{m} \times (2.1 - 2) = 0.25\,\mathrm{k}$
　　結果　　250 Ω

(2) 上記でソース電流を求めよ。

　　文字式　$I_0 = V_d/r_d = V_e/2r_d = (V_0 - V_T)/2r_d$
　　計算式　$(2.1 - 2)/2 \times 250 = 0.0002$
　　結果　　200 μA

(3) 上記でドレイン電圧を求めよ。

　　文字式　$V_D = V_2 - R_D I_0$
　　計算式　$9 - 18\,\mathrm{k} \times 200\,\mu = 9 - 3600\,\mathrm{m} = 9 - 3.6 = 5.4$
　　結果　　5.4 V

(4) 上記で出力振幅を求めよ。

　　文字式　$E_o = E_i A = E_i R_D/(R_S + r_d)$
　　計算式　$100\,\mathrm{m} \times 18\mathrm{k}/(1\mathrm{k} + 250) = 1800/1250 = 1.44$
　　結果　　1.44 V

7.5 MOSトランジスタの知識

7.5.1 電界効果トランジスタ

MOS トランジスタは**電界効果トランジスタ**（FET：Field Effect Transistor）の一種である。最初に開発された FET は、バイポーラトランジスタと同様に接合部を持つ接合型 FET であり、前述のダイオードやバイポーラトランジスタの原理と対比するため、まず**接合型 FET** から説明をスタートする。

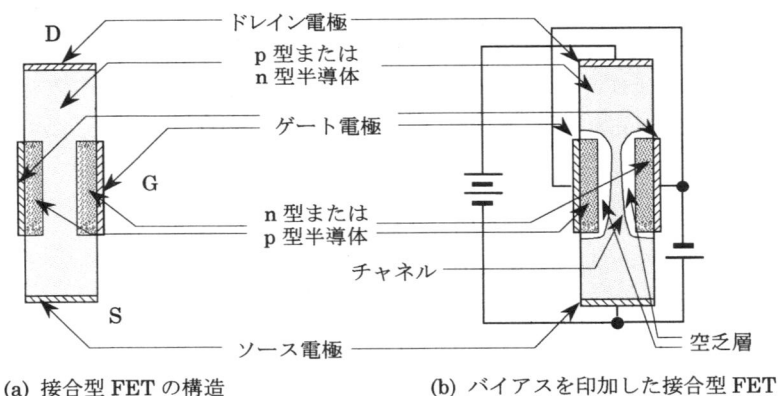

(a) 接合型 FET の構造

(b) バイアスを印加した接合型 FET
（電池極性は n 型接合型 FET の場合）

図 7.9 接合型 FET

図 7.9(a)には接合型 FET の構造を示している。図のように p 型または n 型の半導体を挟むように n 型または p 型半導体のゲート電極 G が設けられている。電流を取り出すのは図の上側のドレイン電極 D からであり、ゲートとドレインの共通のリターン側はソース電極 S と名付けられている。図 7.9(b)は接合型 FET にバイアス電圧を印加した状態を示している。ゲート・ソース間の接合部分に逆バイアスになる方向に電圧を加えた場合、5.3.3 項のダイオードに逆バイアスしたときと同様に、接合部での電位障壁が高いため、電荷が存在し得ない空乏層が生じる。空乏層は図中では白抜きで示している。ソース・ドレイン間のパスのうち、この空乏層を除いた部分を**チャネル**といい、このチャネルがソース・ドレイン間電流のパスとなる。チャネルが n 型半導体である場合は n チ

ャネル接合型 FET、p 型半導体であるときは **p チャネル接合型 FET** という。

チャネル生成と増幅作用のメカニズムをさらに図 7.10 の n チャネル接合型 FET について説明する。図 7.10(a)は無バイアスの場合であり、空乏層は生じていないため、n 型半導体中の自由電子は全域にわたり分布している。この状態でドレイン・ソース間に電圧が加われば、電子はソース側からドレイン側に移動し電流が流れる。(b)図はゲート・ソース間に比較的小さい逆バイアス電圧をかけた場合であり、空乏層が少し発生するため、電子が移動し得るパス、すなわちチャネルが狭くなった分、ドレイン電流は減少する。(c)図はさらにゲート・ソース間の逆バイアスを深くしたケースであり、チャネルの幅はさらに減少して、ドレイン電流はごく小さくなる。

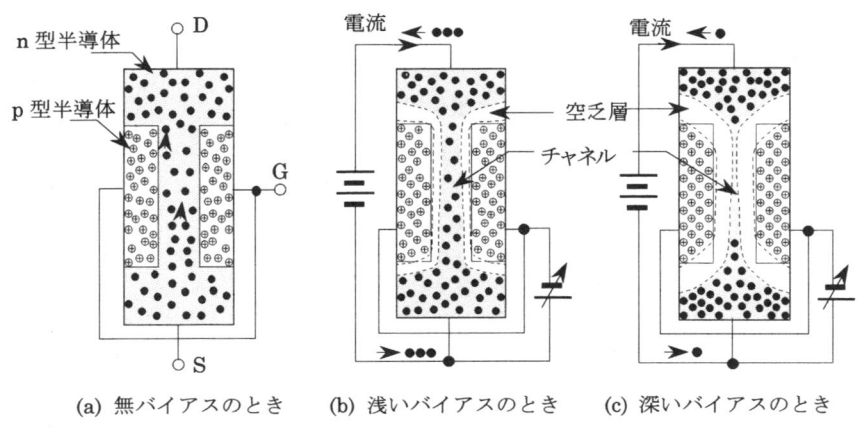

(a) 無バイアスのとき　　(b) 浅いバイアスのとき　　(c) 深いバイアスのとき

図 7.10 n チャネル接合型 FET での空乏層とチャネル

FET は主としてゲート・ソース間を逆バイアスで使用する。この状態ではゲートのインピーダンスはトランジスタの場合に比べて著しく高くすることができ、ゲート・ソース間に信号を入力した場合、わずかなゲート入力電力で比較的大きなドレイン電流を制御することが可能である。

ゲート入力インピーダンスが高いことは、ゲート入力電圧でドレイン電流が制御されると考えてよく、ベース電流でコレクタ電流が制御されるトランジスタは電流制御型のデバイスであるのと対比して、**FET は電圧制御型デバイス**とされている。

7.5.2 MOS 電界効果トランジスタ

　整流性を持つ接合は、pn 接合以外でも金属と半導体の MS 接合などがよく知られている。酸化シリコンを金属電極と半導体でサンドウィッチにした MOS 構造でも同様に整流性接触をつくることができる。MOS は Metal-Oxide-Semiconductor の頭文字を連ねたものであり、MOS FET はゲート部分の構造が酸化膜を電極とシリコンで挟んだ構造の電界効果トランジスタであることを示している。MOS FET は、ゲート部分が絶縁物であるから、接合型 FET よりさらにゲートの入力インピーダンスを高くすることができ、ほぼ完全な電圧制御形のデバイスにすることができる。

　MOS FET でも n チャネルと p チャネルの FET があり、略して nMOS、pMOS とも呼ばれている。図 7.11 は n チャネル MOS FET の構造を図示している。ゲート電極の下には二酸化シリコンの酸化膜が形成されており、酸化膜は絶縁物であるから高い入力インピーダンスが得られる。n チャネル MOS FET の基板は p 型シリコンであるが、ゲート酸化膜の直下の部分は n 型に反転していることがあるので、この反転層をチャネルに利用すれば、ゲートバイアス電圧がゼロでもドレイン電流が流れるタイプの FET になる。このタイプの FET は**デプレッション**（depletion）**型**と呼ばれる。これに対して、ゲートバイアス電圧をあるスレッショルド電圧以上にしないと反転層が生成されず、したがってドレイン電流が流れないタイプの FET を**エンハンスメント**（enhancement）**型**という。

　n チャネル MOS FET のソースおよびドレインは p 型半導体上に高濃度の不

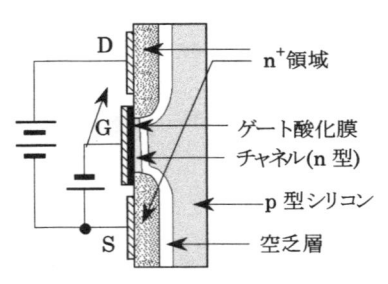

図 7.11　n チャネル MOS FET
（デプレッション型）

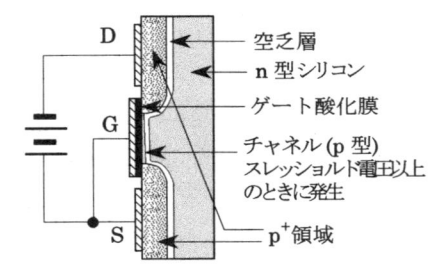

図 7.12　p チャネル MOS FET
（エンハンスメント型）

純物を拡散した、低比抵抗の n^+ 層で構成されており、この両者は前述のチャネルで連結されている。図 7.12 は p チャネル MOS FET の構造模型図であり、図 7.11 とは n 型と p 型が入れ換わっている。デプレッション型とエンハンスメント型は n チャネルと p チャネル MOS FET の両者にともに存在する。両者の区分は、あらかじめ、特性曲線を調べておくなど注意して行う必要がある。

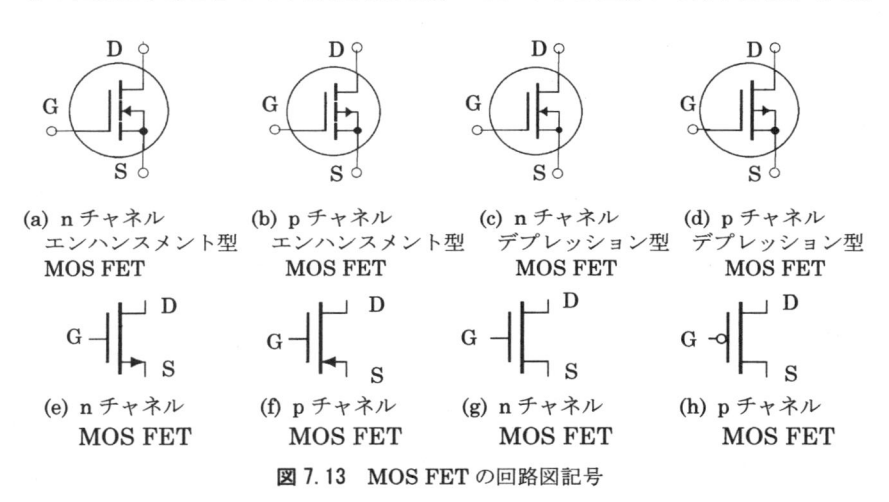

(a) n チャネル
　　エンハンスメント型
　　MOS FET

(b) p チャネル
　　エンハンスメント型
　　MOS FET

(c) n チャネル
　　デプレッション型
　　MOS FET

(d) p チャネル
　　デプレッション型
　　MOS FET

(e) n チャネル
　　MOS FET

(f) p チャネル
　　MOS FET

(g) n チャネル
　　MOS FET

(h) p チャネル
　　MOS FET

図 7.13　MOS FET の回路図記号

　実際の回路図で用いられている MOS FET の図記号は、必ずしも統一されてはおらず、二、三種の記号が存在する。これらを図 7.13 に記載している。(e) 図および(f) 図は米国でよく用いられている記号であり、矢印の向きは電流の方向を示している。これに対して、(a)〜(d)図の矢印はサブストレートとチャネル間の pn 接合の極性を示しており、この両者を混同しないよう注意する。図 7.14 には、IEC 規格や JIS 規格で、国際的に定められている図記号を記している。

　サブストレートはチャネルとの間で逆バイアスが保てるように、n チャネルの場合、回路中の最も低い電圧に、p チャネルでは逆に最高電圧に接続することが必要である。一般的にはドレインに接続する方法が、簡単のために行われている。

　MOS FET のバリエーションとしては、ゲートを分割して 2 つのゲートでドレイン電流を制御するようにした**デュアルゲート MOS FET** がある。また、シリコンの代わりにガリウム・ヒ素を用い、MOS 構造から酸化膜を省いたショ

ットキ構造のゲートを持つ MES FET (MEtal Semiconductor FET) や、HEMT (Hot Electron Mobility Transistor) などもマイクロ波周波数帯用の FET として開発されている。

(a) n チャネル エンハンスメント型 MOS FET

(b) p チャネル エンハンスメント型 MOS FET

(c) n チャネル デプレッション型 MOS FET

(d) p チャネル デプレッション型 MOS FET

(e) n チャネル エンハンスメント型 サブストレート・ソース間 内部接続型 MOS FET

(f) p チャネル エンハンスメント型 サブストレート端子 外部取出型 MOS FET

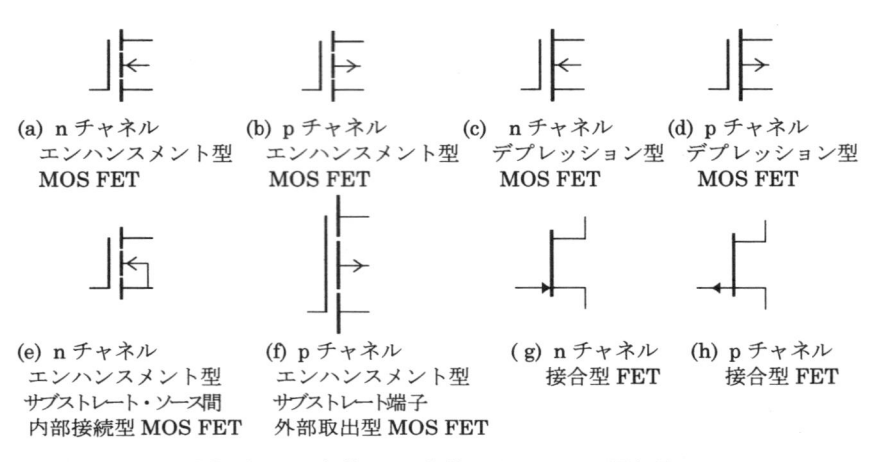

(g) n チャネル 接合型 FET

(h) p チャネル 接合型 FET

図 7.14 IEC 規格、JIS 規格による FET の図記号

エンハンスメント型およびデプレッション型 n チャネル MOS FET のそれぞれのドレイン・ソース間電圧対ドレイン電流特性の例を図 7.15 に示した。

(a) エンハンスメント型

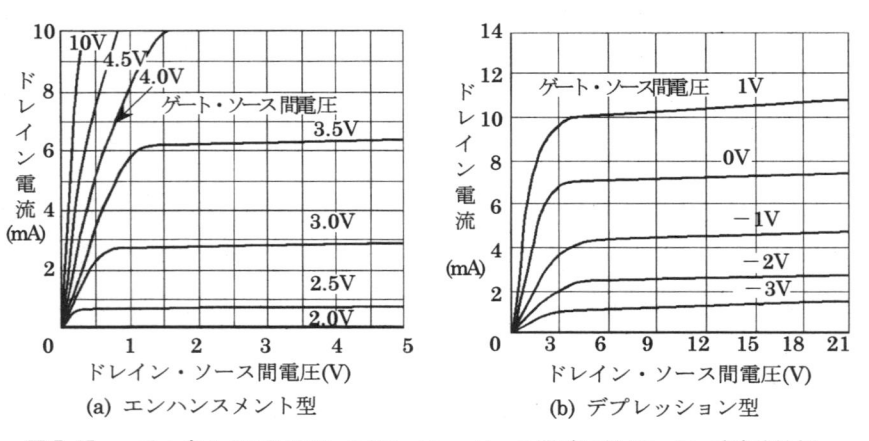

(b) デプレッション型

図 7.15 n チャネル MOS FET のドレイン・ソース間電圧対ドレイン電流特性例

第 **8** 章

差 動 増 幅

　差動増幅は大きいゲインを得ることができ、バイポーラトランジスタでもMOSトランジスタでも共通な原理で動作する。
　演算増幅器や**集積回路**などに、用途は広い。

8.1 バイポーラトランジスタの差動増幅

　バイポーラトランジスタの場合を例にあげて差動増幅回路の特性を調べる。また、差動増幅回路とともによく使用される**ミラー回路**を説明する。

8.1.1 差動増幅回路の構成

　差動増幅の基本回路を図 8.1 に示す。トランジスタ Q_1 とトランジスタ Q_2 のエミッタと抵抗 R_1 を接続している。

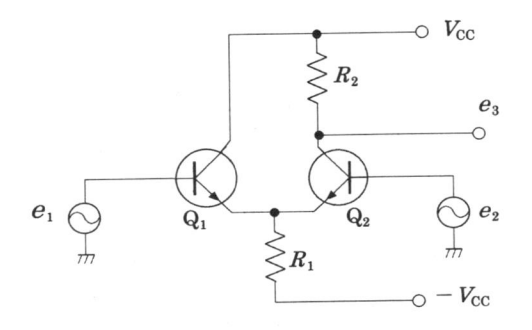

図 8.1　トランジスタ差動増幅回路

入力信号 e_1 に対し、トランジスタ Q_1 はコレクタ接地により増幅し、さらにトランジスタ Q_2 がベース接地で増幅している。また、入力 e_2 に対しては、Q_2 がエミッタ接地で増幅している。

8.1.2 差動増幅回路の動作

入力 e_1 は Q_1 により動抵抗 r_d を通してゲインが1で伝達される。これを Q_2 は自身の r_d で受けてベース接地で増幅する。ここで、Q_1 の r_d に比べて R_1 が十分大きいとすると R_1 は無視できて、ゲインは $R_2/2r_d$ となる。Q_2 のエミッタには、Q_2 自身のエミッタ動抵抗 r_d と、Q_1 のエミッタ動抵抗 r_d が直列に接続されるからである。

入力 e_2 に対しては、Q_2 がエミッタ接地で増幅して、出力 e_3 を得る。Q_2 のエミッタの抵抗はすでに調べたように動抵抗 r_d が2個直列に接続されるので、ゲインは $R_2/2r_d$ である。位相まで考慮すると、$-R_2/2r_d$ となる。

したがって、入力信号 e_1 と e_2 および出力 e_3 の関係はつぎのように表される。

$$e_3 = A(e_1 - e_2) \qquad \cdots(8.1)$$
$$A = \frac{R_2}{2r_d} \qquad \cdots(8.2)$$

(8.1) 式は、入力信号の差を増幅していることを表しているので、図8.1の構成を差動増幅回路という。そして A を**差動ゲイン**という。

r_d に比べて R_1 が無視できないとき、R_1 に代えて図8.2のミラー回路が使わ

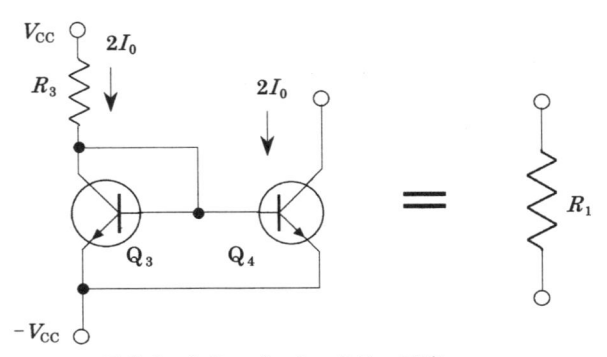

図8.2 トランジスタ・ミラー回路

れる。Q_3のコレクタ・エミッタ間電圧が Q_3 の有効電圧より高ければ電流源として使えるので、電源電圧の低い集積回路で重宝される。

8.1.3 トランジスタ差動増幅回路の計算

(1) マイクロフォンから 2 mV の信号を図 8.1 の差動増幅回路の入力 e_1 とする。$e_2 = 0$、$V_{CC} = 5$ V、 $R_1 = 2.2$ kΩ、$R_2 = 3.9$ kΩ、$\alpha = 1$、$V_0 = 0.6$ V とする。このとき Q_1 と Q_2 のエミッタ電圧は $-V_0$ である。R_1 に流れる電流を $2I_0$ としてこれを求めよ。

  文字式 $2I_0 = \{-V_0 - (-V_{CC})\}/R_1$
  計算式 $(-0.6 + 5)/2.2\text{k} = 4.4/2.2\text{k} = 2\text{m}$
  結果 2 mA

(2) 上記で Q_2 のコレクタ電圧 V_{C2} を求めよ。

  文字式 $V_{C2} = V_{CC} - R_2 I_0$
  計算式 $5 - 3.9\text{ k} \times 1\text{ m} = 1.1$
  結果 1.1V

(3) 上記で動抵抗を求めよ。

  文字式 $r_d = V_d / I_0$
  計算式 $26\text{ m}/1\text{ m} = 26$
  結果 26 Ω
  説明 ・V_d は 6.1.2 項を参照

(4) 上記でゲインを求めよ。

  文字式 $A = R_2 / 2r_d$
  計算式 $3.9\text{ k}/2 \times 26 = 0.075\text{ k}$
  結果 75 倍

(5) 上記で出力の振幅 E_3 を求めよ。

  文字式 $E_3 = AE_1$
  計算式 $75 \times 2\text{ m} = 150\text{ m}$
  結果 150 mV

8.2 MOSトランジスタの差動増幅

前節の動抵抗 r_d を MOS トランジスタの値に置き換えると、MOS トランジスタを使った差動増幅回路の特性がわかる。

8.2.1 差動増幅回路の構成

図 8.3 に MOS トランジスタに置き換えた場合を示した。

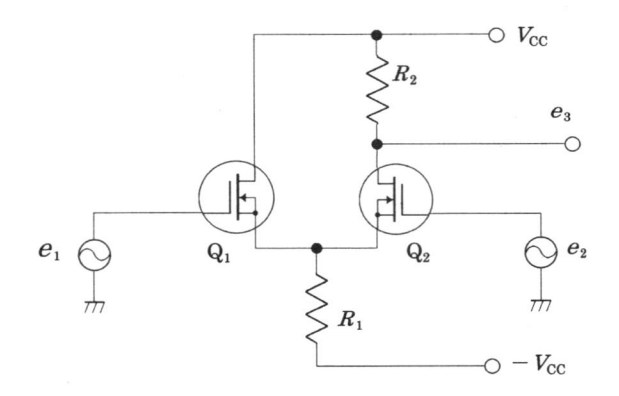

図 8.3 MOS トランジスタ差動増幅回路

すなわち、エミッタをソースに、ベースをゲートに、コレクタをドレインに置き換えている。

8.2.2 差動増幅回路の動作

MOS トランジスタの等価回路はバイポーラトランジスタと同じであるから、入力信号 e_1 と e_2 および出力 e_3 の関係は、バイポーラトランジスタの場合と同様に、(8.1) 式と (8.2) 式で表すことができる。すなわち $e_3 = A(e_1 - e_2)$ と、$A = R_2/2r_d$ である。MOS の場合は $V_d = V_e/2$ となるのがバイポーラとの違いである。

r_d に比べて R_1 が無視できないとき、R_1 に代えて図 8.4 のミラー回路が使われる。Q_3 のドレイン・ソース間電圧が Q_3 の有効電圧より高ければ電流源とし

第8章 差動増幅

て使えるので、電源電圧の低い集積回路で重宝される。

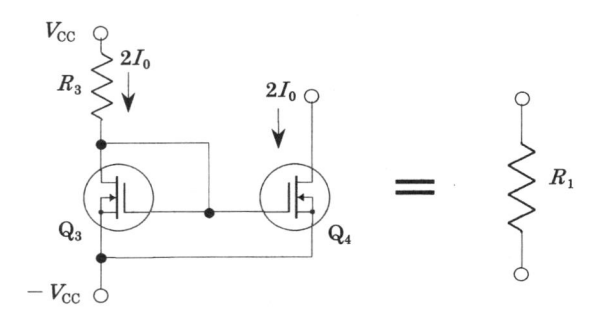

図8.4 MOSトランジスタ・ミラー回路

8.2.3 MOS差動増幅回路の計算

(1) マイクロフォンから $2\,\mathrm{mV}$ の信号を得て e_1 として図8.3の差動増幅回路に入力する。$e_2 = 0$、$V_{CC} = 5\,\mathrm{V}$、$R_2 = 18\,\mathrm{k\Omega}$、MOSトランジスタの β が $50\,\mathrm{mA/V^2}$、V_T が $1.9\,\mathrm{V}$、A を45倍とする。出力の振幅 E_3 を求めよ。

  文字式 $E_3 = AE_1$
  計算式 $45 \times 2\,\mathrm{m} = 90\,\mathrm{m}$
  結果 $90\,\mathrm{mV}$

(2) 上記で動抵抗を求めよ。

  文字式 $r_d = R_2/2A$
  計算式 $18\,\mathrm{k}/2 \times 45 = 0.2\,\mathrm{k}$
  結果 $200\,\Omega$

(3) 上記で実効電圧 V_e を求めよ。

  文字式 $V_e = 1/\beta r_d$
  計算式 $1/50\,\mathrm{m} \times 200 = 1/10$
  結果 $100\,\mathrm{mV}$

(4) 上記で動作点 I_0 を求めよ。

  文字式 $I_0 = V_d/r_d = V_e/2r_d$
  計算式 $100\,\mathrm{m}/2 \times 200 = 0.25\,\mathrm{m}$

結果　　250 μA

(5) 上記でソース電圧はいくらか。

　　文字式　$V_S = V_G - V_0 = V_G - (V_T + V_e)$
　　計算式　$0 - (2.1 + 100\,m) = -2.2\,V$
　　結果　　$-2.2\,V$

(6) 上記でエミッタ抵抗はいくらにすればよいか。

　　文字式　$R_1 = \{V_S - (-V_{CC})\} / 2I_0$
　　計算式　$(-2.2 + 5)/2 \times 250\,\mu = 2.8/0.5\,m = 5.6\,k$
　　結果　　$5.6\,k\Omega$

8.3　集積回路の知識

8.3.1　ICの開発史

　1947年末のバーディーン（J. Bardeen）、ブラッタン（W. Brattain）と遅れて開発に加わったショックリー（W.Shockley）による点接触トランジスタの発明に続いて、半導体集積回路（IC : Integrated Circuits）は、1959年に、フェアチャイルド社を設立して間もないノイス（R. Noyce）と当時TI社に所属していたキルビー（J. Kilby）とにより、わずか半年ほどの違いで発明された。ICといえば、抵抗や配線を薄膜や厚膜技術に依存した混成集積回路（hybrid IC）も含まれているが、すべての素子を単一半導体基板（monolithic）上に集積した半導体集積回路は、ICすなわち半導体集積回路を指すほどに、その後も著しい進歩を遂げた。年々集積度がほぼ倍増するというムーア（Moore）の法則に沿って、ICの高集積化とコストダウンが進み、ICなしには製品自体が存在し得なかった電卓、パソコン、ディジタルカメラなどすべての電子機器の小型化と高性能化に寄与したことは記憶に新しいところである。

　キルビーの発明当時、ICの構造はゲルマニウム基板を用いてサンドブラストなどで部品間を溝切りした不安定なものであった。一方、ノイスが開発したICはシリコンのプレーナ構造による本格的なものであり、その流れはバイポーラICプロセスとして確立されるに至った。その後、主としてメモリー用に開発されたMOS ICはnチャネルおよびpチャネルMOSトランジスタを同一チップ

上に集積した CMOS (Complementary MOS：相補性 MOS) IC プロセスに発展し、大規模ゲート IC などを含むディジタル回路全般に用いられるようになった。IC の高集積が進むにつれて、明確な定義はないものの LSI (Large Scale Integration)、SOC (System On Chip) などとも呼びならわされるようになり、チップサイズも小は 1mm 角程度から大は 10mm 角以上に達するものも現れた。

8.3.2 バイポーラ IC の構造とプロセス

アナログ IC はバイポーラトランジスタを主体にしたバイポーラ IC プロセスにより製造される。このプロセスは CMOS 論理回路やメモリーなどのディジタル処理部分が、アナログ処理部分と同一チップ内に混在した最新の BiCMOS と呼ばれる SOC でも用いられているので、バイポーラ IC プロセスを理解しておくことは大切であろう。

バイポーラ IC に限らず、IC 一般の基本となる製造技術のひとつは選択拡散である。選択拡散はリソグラフィ (lithography：写真蝕刻) を利用して必要とされる部位だけに不純物の拡散を行う技術である。図 8.5 はバイポーラ IC のトランジスタのコレクタ直下に寄生素子を防ぐなどの目的で設けられた、n^+ 型の埋込層を選択拡散法により生成する例を示している。

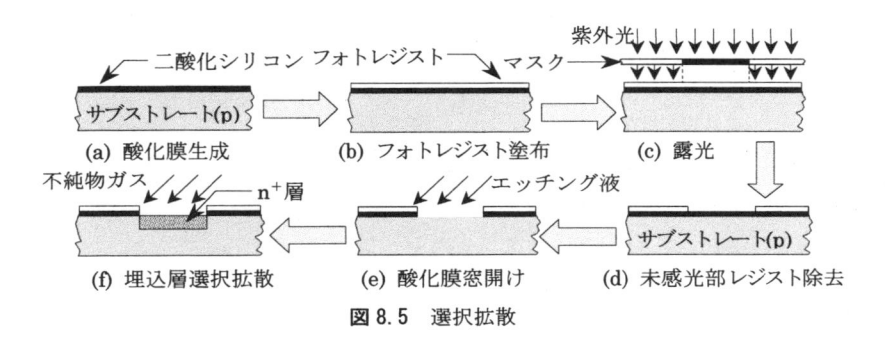

図 8.5　選択拡散

(a)図では、基板 (substrate) になる p 型シリコンウエーハを高温の水蒸気などにさらして酸化膜を生成し、(b)図では、この酸化膜上に均一にフォトレジストを塗布する。その後(c)図のように、写真のネガに相当するフォトマスクを介して、短波長の i 線などの紫外光で露光し、(d)図では、未感光部分のレジストを除去する（感光した部分が除去されるレジストもある）。レジストが取り除

かれた、拡散を必要とする部分の酸化膜は(e)図のように弱い酸などで溶かされて窓が開けられる。

この状態でウエーハを n 型の不純物を含むガス中に置くと、酸化膜の窓を通して不純物が拡散し、窓の下の p 型シリコンが n^+ 型に変わる。この際、酸化膜が残されている部分へは不純物が浸透しないため変化は起こらない。このようにフォトマスクのパターンで指定された部分だけの選択拡散が可能である。

もうひとつバイポーラ IC プロセスを実現する上で、必須な技術は素子分離（isolation）技術であろう。同一のシリコンウエーハ上にトランジスタやダイオード、抵抗をつくり、これらを独立して動作が可能なように、素子間に溝を切り、素子間を空気で絶縁することは大変な工程が必要になる。その代わりに、分離のための p^+ 層を設け、pn 接合の逆バイアスのインピーダンスが高いことを利用して素子間を分離することが古典的に行われてきた。

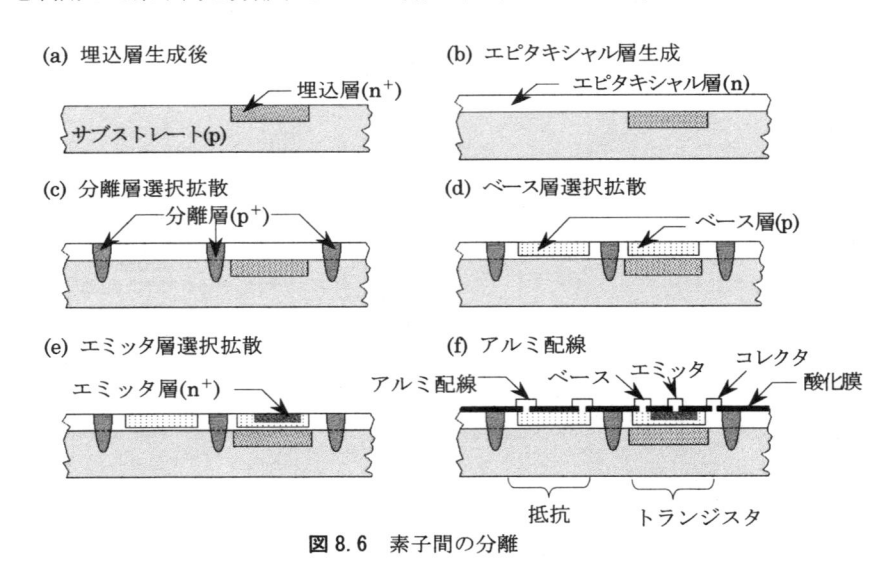

図 8.6　素子間の分離

図 8.6 は、図 8.5 以降のバイポーラ IC 完成までのプロセスを、素子間分離工程を挟んで記したものである。(a)図は、図 8.5 (f)図の埋込層拡散後に、レジストや酸化膜を取り除いた図であり、(b)図は、その上にモノシラン（SiH_4）ガスなどを流して n 型のエピタキシャル層を形成し、(c)図では、選択拡散によりエピタキシャル層を貫通して p 型のサブストレートまで届く p^+ の分離層をつく

り込む工程を示している。この時点で、トランジスタのコレクタや抵抗などになる n 型エピタキシャル層の島状のブロックが、サブストレートや分離層の p 型に囲まれて分離され、サブストレートを回路の最低電圧（＋の1電源の場合にはアース、－電源を使用する場合には－電源）に接続すれば、個々のトランジスタや抵抗は、pn 接合を逆バイアスした状態になり、ほかから切り離されて独立することになる。

続いて、(d)図では、npn トランジスタのベース層を選択拡散で生成する。抵抗はこのベース層を利用してつくる。(e)図は、npn トランジスタのエミッタの n^+ 層を同じく選択拡散法でつくり、(f)図のように表面に（このケースでは表面を保護する目的で酸化膜で覆い、配線取出部分の酸化膜には孔を穿って）配線用のアルミ膜などを蒸着し、最後にリソグラフィを用いて配線パターンを形成すれば、バイポーラ IC が完成する。なお、図 8.6 では、選択拡散に必要な露光工程や酸化膜の生成・窓開け工程などは省略しているので、実際の工程はもっと複雑なものになる。

最新の IC ではより的確な素子分離を行うために、絶縁性に優れ、また寄生素子を生じる恐れが少ない二酸化シリコンなどの絶縁物を分離層に用いる LOCOS (LOCal Oxidation of Silicon) や STI (Sallow Trench Isolation) などの絶縁物分離が用いられている。また、チップの表面保護 (pasivation) などには、二酸化シリコン膜より緻密な窒化シリコン (Si_3N_4) 膜を重ねて使用する場合がある。窒化シリコン膜の生成には CVD (Chemical Vapour Deposition) 法などが用いられる。

8.3.3 CMOS IC の構造の概要

トランジスタ回路やバイポーラ IC 回路にまして、nMOS や pMOS を相補的に同一のサブストレートに集積した CMOS IC は、際立った低消費電力性や低電圧動作可能にするなどの利点を有し、高集積化に欠かすことができないものである。図 8.7 に CMOS の構造の一例を示す。図で nMOS や pMOS は、それぞれ p ウエル、n ウエル (well：井戸) と呼ばれる島構造の中につくり込まれている。BiCMOS IC もこの延長上で構成されている。

いかに短いチャネルの MOS FET をつくるかは、CMOS IC の高集積化を実現する上での最重要課題であり、研究レベルでは既に 10nm 台が実現している。

図 8.7 CMOS IC の構造例

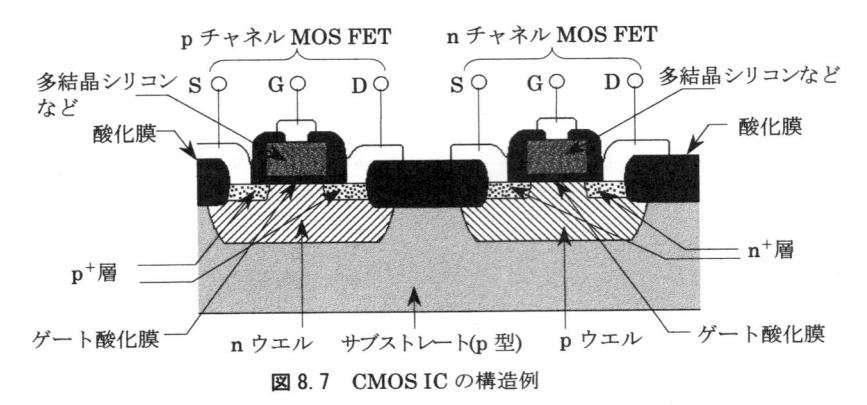

ゲートが関係した容量や各電極の抵抗分を減らすことも、高速 MPU などの実現のために必要であり、ゲートの一部やソース、ドレインに部分的に、多結晶シリコン、シリサイド（$TiSi_2$, $CoSi_2$）やタングステンシリサイド（WSi_2）などを用いることが進められている。また、洩れ電流を小さくして、高集積度の場合でも低消費電力を保つことも重要である。そのほかにも、ダブルゲート構造を持つ MOS FET が開発されるなど、半導体技術の中でも進化が激しく、また、期待が大きいのがこの分野である。

8.3.4 アナログ IC が使われる分野

アナログ IC ですぐ念頭に浮かぶのは、つぎの章で解説する演算増幅器など高利得の増幅を必要とする増幅回路の分野であろう。多くのセンサー類の出力は、微弱なアナログ量であり、計測結果を出力するまでの間に、増幅しフィルタリングする過程でアナログ IC が必要とされる。また、人の目や耳などの受容器もまたアナログ量を感知するので、ヒューマンインターフェースとなる出力系トランスデューサもアナログ出力であったほうが、適切にインターフェースされる場合が多い。このような場合に、中間の処理は合理的にディジタルで行うとしても、入力側に AD 変換器、出力側には DA 変換器などのアナログ回路が必要なことは自明である。ディジタル信号処理が華やかな時代にあっても、とくに入出力の部分ではアナログ IC が用いられる必然性がある。

一般の発振回路や VFO（Variable Frequency Oscillator）、周波数変換回路や PLL（Phase Locked Loop）でも、部分的あるいは全面的にアナログ処理が

第8章 差動増幅

用いられている。また、複数のアナログ信号を分配したり、多重化したりする役割のアナログスイッチやアナログマルチプレクサの分野もアナログ IC が活躍する分野である。電子回路の電源部のスイッチングレギュレータや電源 IC もまた、ディジタル処理では実現しがたいので、アナログ IC が活躍する部分である。計測分野で用いられる、電圧→周波数コンバータや、その逆の周波数→電圧コンバータ、関数発生器や電圧コンパレータなどでもアナログ IC がしばしば用いられている。

8.3.5 IC のパッケージ

IC の外装には、必要とされる外部取り出し端子数や実装法の違いに応じて、いろいろなパッケージが準備されている。

おもなパッケージをプリント基板への実装方法で大別して表 8.1 にまとめた。また、図 8.8 は代表的なパッケージの写真である。

表 8.1 IC のおもなパッケージ

	パッケージ呼称	端子数	端子ピッチ	概　　要
基板挿入用	DIP　：Dual In-line P.	8 〜 48	2.54	2側面に端子
	SDIP：Shrink Dual In-line P.	14 〜 40	1.778	DIP のピッチ縮小
	SIP　：Single In-line P.	2 〜 12	2.54	1側面のみに端子
	V-DIP：Vertical Dual In-line P.	5 〜 15	1.27〜2.0	1側面に2列の端子
	ZIP　：Zigzag In-line P.	14 〜 40	1.27	ジグザグ状2列端子
	QUIP：Quad In-line P.	48	1.27	2側面に4列の端子
	PGA　：Pin Grid Array	72 〜447	1.27〜2.54	底部に格子状端子
面実装用	SOP　：Small Outline P.	8 〜 70	1.27	2側面に端子、端子はL字状に整形
	TSOP：Thin Small Outline P.	20 〜 66	0.5〜1.27	
	SSOP：Shrink Small Outline P.	8 〜 70	0.5〜0.8	
	SOJ　：Small Outline J-leaded P.	24 〜 44	1.27	端子をJ字状に整形
	QFP　：Quad Flat Package	40 〜296	0.4〜1.0	4側面に端子、端子はL字状に整形
	LQFP：Low profile Quad Flat P.	32 〜256	0.4〜0.8	
	TQFP：Thin Quad Flat P.	44 〜144	0.3〜0.8	
	BGA　：Ball Grid Array	4 〜1521	1.0〜1.5	底部に球状ハンダバンプを格子状に配置
	FBGA：Fine pitch Ball Grid Array	36 〜432	0.75〜0.8	
	LGA　：Land Grid Array	80 〜168	0.65	底部にハンダ付用ランドを格子状に配置
	FLGA：Fine pitch Land Grid Array	40 〜368	0.75〜0.8	

注 1)　P：Package の略
注 2)　端子ピッチの単位は mm

左から DIP、SIP、V-DIP、SSOP、QFP、FBGA の表側(上)裏側(下)の順

図 8.8 いろんな IC パッケージ

第9章

負帰還回路

　回路の出力を入力に戻すことを帰還という。逆位相で帰還することを負帰還という。差動増幅回路は大きいゲインを得ることができるが、ゲインは動抵抗に依存しているため回路電流や温度で変化してしまう。負帰還によるとゲインを抵抗の比で決定できるので安定したゲインを得ることができる。

9.1 反転増幅

　オペアンプ（operational amplifier）は電圧と電流の駆動能力およびゲインが高い差動増幅器で、負帰還回路を構成するのに適している。この節では、オペアンプを使った負帰還回路の基本となる反転増幅回路について、その構成と応用例を学ぶ。

9.1.1 反転増幅回路の構成

　反転増幅の基本回路を図 9.1 に示す。三角形の記号がオペアンプである。出力信号 e_2 はインピーダンス Z_2 を通して、マイナス入力端子に帰還されている。したがって、図 9.1 は負帰還回路を構成していることになる。また、入力信号 e_1 はインピーダンス Z_1 を通して、マイナス入力端子に接続されている。

　ここで、入力端子間の電圧を調べるとつぎのようになる。つまりオペアンプのゲイン a が大きいと入力端子間の電圧は 0 に近い。

$$e_+ - e_- = \frac{e_2}{a} = 0 \qquad \cdots (9.1)$$

この現象をイマジナリーヌル（imaginary null）という。

第9章 負帰還回路

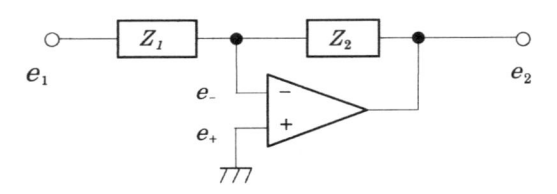

図9.1 反転増幅回路

e_+ は 0 であるから、イマジナリーヌルにより e_- も 0 である。そこでマイナス入力端子について、キルヒホッフの第 2 法則を適用すると次式を得る。

$$\frac{e_1}{Z_1} + \frac{e_2}{Z_2} = 0 \qquad \cdots (9.2)$$

したがって、伝達関数はつぎのようになる。

$$G = \frac{e_2}{e_1} = -\frac{Z_2}{Z_1} \qquad \cdots (9.3)$$

ここで、インピーダンスを Z_1 と Z_2 として抵抗を使うと、増幅回路になる。ゲインを A とすると A は $|G|$ であり、抵抗の比で決定可能である。

しかし、伝達関数は負であるから、出力の位相は入力の逆である。したがって、これを反転増幅回路という。また、入力インピーダンスは Z_1 で、これはマイナス入力端子がイマジナリーヌルになっているからである。

9.1.2 反転増幅によるスピーカの駆動

CD プレーヤのヘッドフォン端子から、信号 e_1 を得ることができる。これを増幅してスピーカを駆動する。回路は図 9.2 のように構成する。スピーカは抵抗 R で表しており、これに直流電流が流れないようキャパシタ C を直列に接続している。

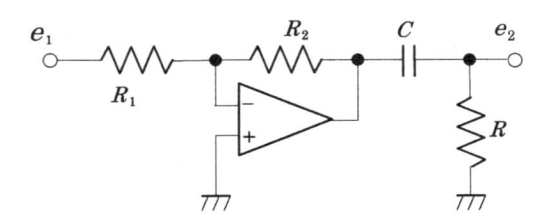

図9.2 反転増幅によるスピーカの駆動

抵抗 R とキャパシタ C はハイパスフィルタを構成しており、カットオフ周波数はスピーカの再生可能下限周波数付近に選ばれる。

9.1.3 計 算

(1) CD プレーヤのヘッドフォン端子から、3 kHz で実効値 E_{1e} が 1 Vrms の信号を得て、これを増幅しスピーカを駆動する。R_1 = 10 k、R_2 = 33 k、C = 470 μF、R = 8 Ω とすると、カットオフ周波数 f_0 はいくらか。

  文字式 $f_0 = 1/2\pi CR$
  計算式 $1/6.28 \times 470\mu \times 8 = 1/23.6\text{ m} = 0.0424\text{k} = 42.4$
  結果 42.4 Hz

(2) 上記でゲイン A を求めよ。

  文字式 $A = R_2/R_1$
  計算式 33 k / 10 k = 3.3
  結果 3.3 倍

(3) 上記で e_2 の実効値 E_{2e} はいくらか。

  文字式 $E_{2e} = AE_{1e}$
  計算式 $3.3 \times 1 = 3.3$
  結果 3.3 Vrms

(4) 上記でスピーカに加わる電力はいくらか。

  文字式 $P = E_{2e}^2/R$
  計算式 $3.3^2/8 = 1.36$
  結果 1.36 W
  説明 ・実効値は電力の計算に便利である。

(5) 上記で e_2 の振幅 E_2 を求めよ。

  文字式 $E_2 = \sqrt{2}E_{2e}$
  計算式 $\sqrt{2} \times 3.3 = 4.65$ V
  結果 4.65 V

9.2 非反転増幅

オペアンプを使った負帰還回路の応用として位相が反転しないタイプの増幅回路について、その構成と応用例を学ぶ。

9.2.1 非反転増幅回路の構成

位相が反転しない増幅回路の例を図 9.3 に示す。三角形の記号がオペアンプである。出力信号 e_2 はインピーダンス Z_2 を通して、マイナス入力端子に帰還されている。したがって、図 9.3 は負帰還回路を構成していることになる。また、入力信号 e_1 はプラス入力端子に接続されている。

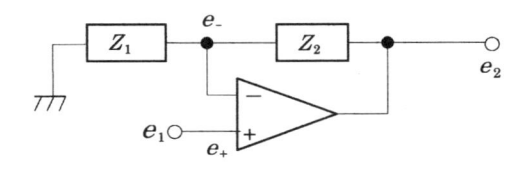

図 9.3 非反転増幅回路

マイナス入力端子について、キルヒホッフの第 2 法則を適用すると次式を得る。

$$-\frac{e_-}{Z_1} + \frac{e_2 - e_-}{Z_2} = 0 \qquad \cdots(9.4)$$

一方、イマジナリーヌルにより e_- は e_1 であるから伝達関数 G はつぎのようになる。

$$G = \frac{e_2}{e_1} = 1 + \frac{Z_2}{Z_1} \qquad \cdots(9.5)$$

ここで、インピーダンスを Z_1 と Z_2 として抵抗を使うと、非反転増幅回路になる。ゲイン A は $|G|$ であり、抵抗の比で決定可能である。

また、入力インピーダンスは非常に高いのが特長である。

9.2.2 非反転増幅によるスピーカの駆動

CD プレーヤのヘッドフォン端子から、信号 e_1 を得て、これを増幅してスピ

第 9 章　負帰還回路

ーカを駆動する。回路は図 9.4 のように構成する。スピーカは抵抗 R で表しており、これに直流電流が流れないようキャパシタ C を直列に接続している。

抵抗 R とキャパシタ C はハイパスフィルタを構成しており、カットオフ周波数はスピーカの再生可能下限周波数付近に選ばれる。

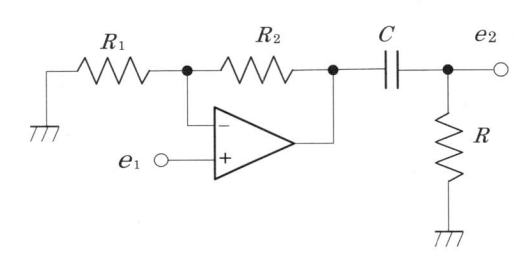

図 9.4 非反転増幅によるスピーカの駆動

9.2.3　計　算

(1) CD プレーヤのヘッドフォン端子から、2 kHz で実効値 E_{1e} が 1 Vrms の信号を得て、これを増幅しスピーカを駆動する。$R_1 = 10\,\mathrm{k}$、$R_2 = 33\,\mathrm{k}$、$C = 1000\,\mu\mathrm{F}$、$R = 8\,\Omega$ とすると、カットオフ周波数 f_0 はいくらか。

　　　　文字式　$f_0 = 1/2\pi CR$
　　　　計算式　$1/6.28 \times 1000\mu \times 8 = 1/50.2\mathrm{m} = 0.0199\mathrm{k} = 19.9$
　　　　結果　　19.9 Hz

(2) 上記でゲイン A を求めよ。

　　　　文字式　$A = 1 + R_2/R_1$
　　　　計算式　$1 + 33\mathrm{k}/10\mathrm{k} = 4.3$
　　　　結果　　4.3 倍

(3) 上記で e_2 の実効値 E_{2e} はいくらか。

　　　　文字式　$E_{2e} = AE_{1e}$
　　　　計算式　$4.3 \times 1 = 4.3$
　　　　結果　　4.3 Vrms

(4) 上記でスピーカに加わる電力はいくらか。
　　　　文字式　$P = E_{2e}^2/R$

計算式　$4.3^2/8 = 2.31$

結果　2.31W

(5) 上記で e_2 の振幅 E_2 を求めよ。

文字式　$E_2 = \sqrt{2}\,E_{2\mathrm{e}}$

計算式　$\sqrt{2} \times 4.3 = 6.06$

結果　6.06 V

9.3　オペアンプの知識

9.3.1　オペアンプが登場するまで

　極めて増幅度が大きなオペアンプ（演算増幅器またはOPアンプ）は、1940年代から真空管構成によるものが存在していた。文献上に初めてOperational Amplifier の名前が登場したのは 1947 年の、米国国防省筋からの論文であったといわれる。当時は、おもにアナログ計算機の加算器、微分器や積分器を構築する上で、標準化された共通の増幅器として使用されていたため、演算増幅器という耳なれない名が付けられている。

　同じ 1947 年にトランジスタが発明されて以降は、真空管を半導体に置き換える開発が始まり、1962 年に Burr-Brown 社などから製品が発表された。オペアンプが現在の形に近い IC になったのは、フェアチャイルド社から 1964 年に発表された μA702 が最初であり、その後も改良が進められて μA741 などが次々に登場した。

　アナログ演算を行わせるために、トランジスタ、抵抗やキャパシタなどを組み合わせて行う設計にはかなりの手間と時間がかかる。実験キットも準備されている安価 IC を手軽に利用でき、しかも理想的な特性に近い増幅器として使用可能な現在のオペアンプの形態は、アナログ回路技術の進展にも大きく寄与している。

9.3.2　オペアンプの基本構成

　オペアンプの基本的な内部回路の例として、μA741 の内部結線図を図 9.5 に示した。図の回路は3つのステージから成り立っており、左側の2つの入力

端子から入力された信号はトランジスタ Q_A および Q_B の差動増幅器で構成される部分が第一のステージである。Q_A と Q_B はトランジスタとしての特性ができるだけ揃うように設計上で配慮されているが、出力電圧ゼロのとき、2 つの入力端子電圧がミリボルトのオーダーで不揃い（オフセット）であることがある。これが困る場合には、可変抵抗器を接続してゼロ調整が可能なように端子が設けられている。

第二のステージは Q_L と Q_M からなるシングルエンデッドの増幅段であり、寄生発振防止用キャパシタも備えられている。この段のもうひとつの役割として、IC を＋－の二電源で動作させる場合に、出力が無信号時にゼロになるように、直流レベルをシフトする。第三のステージは出力回路であり、トランジスタ Q_X、Q_Y の相補性のプッシュプル出力回路から構成されており、低いインピーダンスで出力を取り出すことができる。μA741 には短絡防止機能など説明を省略した機能もあり、かなり複雑な回路構成になっている。

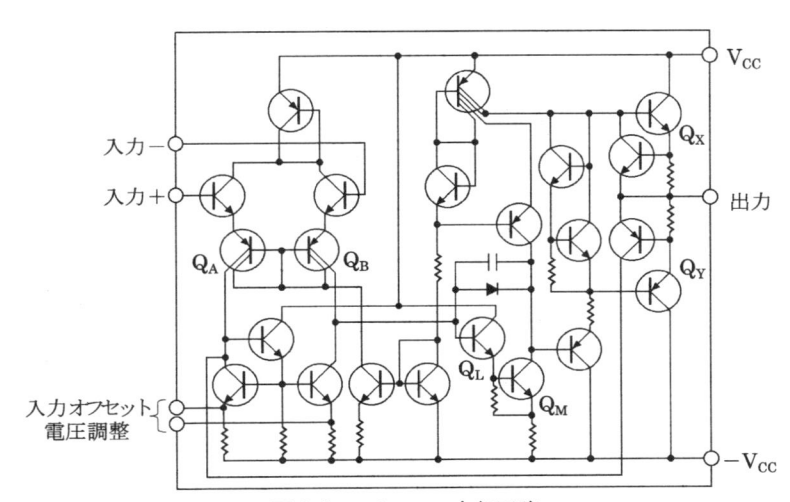

図 9.5　μA741 の内部回路

表 9.1 は μA741 の代表的な特性をまとめたものである。利得は、理想的なオペアンプでは無限大であるが、μA741 の場合の負帰還をかけていないときの最大利得は 200000 倍である。周波数が高くなるにつれて利得は徐々に減少し、1MHz 付近の周波数のとき、利得は 1 に低下する。

表 9.1 μA741 の代表的な特性

項目	性能値		備考
オープンループ利得	106	dB	負荷抵抗 2kΩ 以上
オープンループ周波数特性	1	MHz	負荷抵抗 2kΩ、利得 0dB
入力インピーダンス	2	MΩ	
出力インピーダンス	75	Ω	
入力オフセット電圧	1	mV	出力電圧 0V
共通モード抑圧比	90	dB	

オペアンプの入力インピーダンスは、高ければ高いほうがよいが、μA741 では約 2MΩ とカタログに記されている。出力インピーダンスは逆に低いほうが理想とされるが、この場合は 75Ω である。2 つの入力端子に同相の入力を加えたとき、出力が出ないことが望ましいが、μA741 の共通モード抑圧比（CMRR: Common Mode Rejection Ratio）は約 90dB とされている。

9.3.3 オペアンプの他の応用例

9.1 節と 9.2 節では、オペアンプを反転増幅回路や非反転増幅回路として応用することを学んだ。この両者で一般の電子回路で必要とされる増幅機能の大半はカバーされるものと考えられるが、ここでは参考までに反転増幅回路や非反転増幅回路を組み合わせた加減算回路の例と、積分回路の例を紹介する。

加減算回路

複数の信号の和あるいは差を求める加減算回路を、オペアンプを利用して構成することができる。

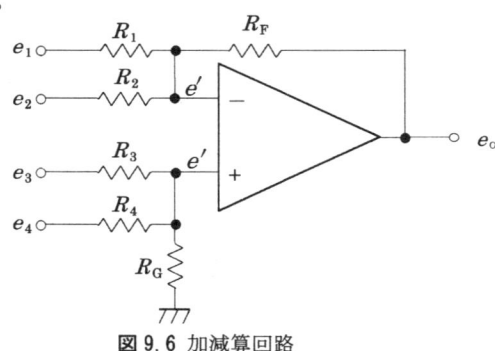

図 9.6 加減算回路

第 9 章 負帰還回路

例として、図 9.6 のような加算入力 2、減算入力 2 の加減算器を考える。図において、前述のイマジナリーヌルの性質を用いれば、

$$\frac{e_1 - e'}{R_1} + \frac{e_2 - e'}{R_2} = \frac{e_\mathrm{o} - e'}{R_\mathrm{F}}$$

$$\frac{e_3 - e'}{R_3} + \frac{e_4 - e'}{R_4} = \frac{e'}{R_\mathrm{G}}$$

の関係式が成り立ち、上の二式から e' を消去して整理しなおせば、

$$e_\mathrm{o} = -\frac{R_\mathrm{F}}{R_1} e_1 - \frac{R_\mathrm{F}}{R_2} e_2 + \frac{R_\mathrm{Y}}{R_\mathrm{X}} \cdot \frac{R_\mathrm{F}}{R_3} e_3 + \frac{R_\mathrm{Y}}{R_\mathrm{X}} \cdot \frac{R_\mathrm{F}}{R_4} e_4$$

のようになる。ここで、R_X は R_1、R_2、R_F の並列合成抵抗、R_Y は R_3、R_4 および R_G の並列合成抵抗（下式）を表している。

$$\frac{1}{R_\mathrm{X}} = \frac{1}{R_1} + \frac{1}{R_2} + \frac{1}{R_\mathrm{F}} \qquad \frac{1}{R_\mathrm{Y}} = \frac{1}{R_3} + \frac{1}{R_4} + \frac{1}{R_\mathrm{G}}$$

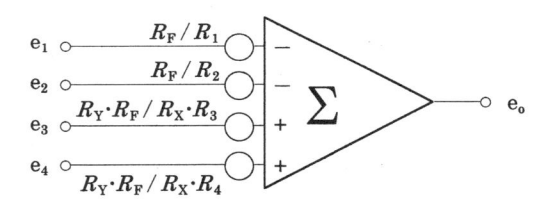

図 9.7 加減算回路

つまり、図 9.6 は、図 9.7 の抵抗比を係数にした加減算回路と等価になる。

積分回路

4.1 節で述べた積分回路は抵抗とキャパシタだけの簡単なものであったが、図 9.8 のようにオペアンプを用いると、はるかに直線性がよい積分回路を構成することができる。

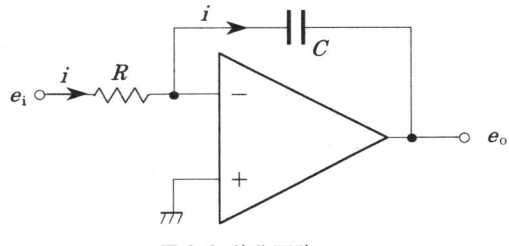

図 9.8 積分回路

図の回路では、イマジナリーヌルの性質とオペアンプの入力インピーダンスが極めて高く、かつ出力インピーダンスが低いことから、つぎの式が成り立つ。

$$e_i = Ri$$
$$e_o = -\frac{1}{C}\int i\,dt$$

これらの二式から、iを消去すれば、

$$e_o = -\frac{1}{CR}\int e_i\,dt$$

が得られ、入力にe_iを加え続けている時間tの間、出力e_oが直線的に上昇し、この上昇直線の勾配が、キャパシタCと抵抗Rの積の時定数CRで決定される積分回路ができることがわかる。

オペアンプを使ったアクティブフィルタへの応用例は次章で述べる。

第10章
アクティブフィルタ

　フィルタについて既に第3章で抵抗、キャパシタ、インダクタを使って構成できることを学んだ。インダクタを使うと集積回路化が困難であり、また電磁波妨害を受けやすいなどの問題が発生する。インダクタを使わず、抵抗、キャパシタ、増幅器でフィルタの特性を実現するのがアクティブフィルタである。増幅器を使うのでゲインを持たせることができる。

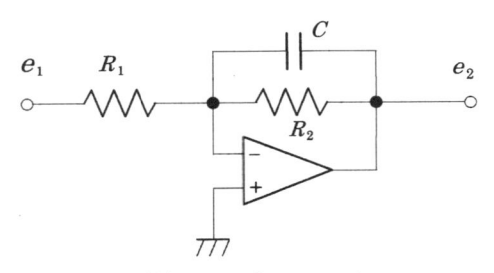

10.1　ローパスフィルタ

　第9章で学んだ反転増幅回路をローパスフィルタに応用する。

10.1.1　反転増幅型ローパスフィルタ

　反転増幅型のローパスフィルタを図10.1に示した。第9章の反転増幅回路において、インピーダンス Z_1 を抵抗 R_1 とし、インピーダンス Z_2 を抵抗 R_2 とキャパシタ C の並列回路に置き換えている。

図 10.1　ローパスフィルタ

インピーダンス Z_2 は（10.1）式で表される。

$$Z_2 = \frac{R_2}{1+j\omega CR_2} \qquad \cdots (10.1)$$

したがって、伝達関数 G は（10.2）式となる。ただし、$\omega_0 = 1/CR_2$ であり、これはカットオフ周波数を表している。A は基準ゲインである。

$$\begin{aligned}G &= -\frac{Z_2}{Z_1}\\ &= -\frac{R_2/R_1}{1+j\omega CR_2}\\ &= -\frac{R_2/R_1}{1+j\omega/\omega_0}\end{aligned} \qquad \cdots (10.2)$$

$$A = \frac{R_2}{R_1} \qquad \cdots (10.3)$$

すなわち、この伝達関数は周波数が0のときのゲインが A になるローパスフィルタであることを示している。そしてゲインを1以上にすることができる。

10.1.2 高音の音質調整

9.1節では、CDプレーヤのヘッドフォン端子から信号を得て、これを増幅することによりスピーカを駆動する回路を学んだ。図10.2のように、ローパスフィルタの機能を追加すると音質調整ができる。

スイッチSWをオフにするとCDプレーヤの信号は、低音の信号も高音の信号も増幅されてスピーカを駆動する。スイッチをオンにするとローパスフィルタになるので、高音の信号は減衰する。したがって、スイッチをオンにすると、ソフトな音質を得ることができる。

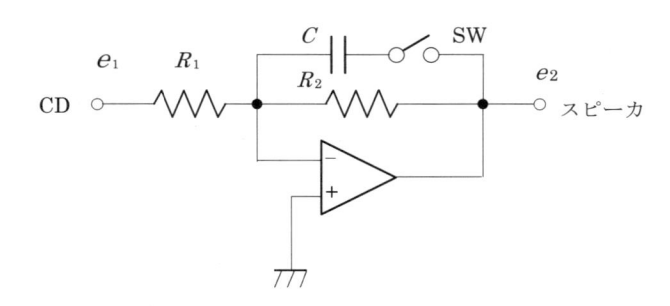

図10.2 高音の音質調整

第10章 アクティブフィルタ

10.1.3 音質調整の計算（高音）

(1) 図10.2の回路でCDプレーヤのヘッドフォン端子の信号を増幅してスピーカを駆動する。$R_1 = 15\,\mathrm{k\Omega}$、$R_2 = 33\,\mathrm{k\Omega}$、$C = 10\mathrm{nF}$ とすると、SWをオフにしているときのゲイン A はいくらか。

  文字式　$A = R_2/R_1$
  計算式　33 k / 15 k = 2.2
  結果　　2.2 倍

(2) スイッチをオンにしたときのカットオフ周波数 f_0 を求めよ。

  文字式　$f_0 = 1/2\pi CR_2$
  計算式　$1/6.28 \times 10\,\mathrm{n} \times 33\,\mathrm{k} = 1/2070\,\mu = 1/2.07\,\mathrm{m} = 0.483\,\mathrm{k}$
  結果　　483 Hz
  説明　　$\omega = 2\pi f$ である。

(3) 上記で f_0 および $2f_0$ のときのゲインはいくらか。

  文字式　$|G(f)| = A/(1+f^2/f_0^2)^{1/2}$
     $|G(f_0)| = A/\sqrt{2}$
     $|G(2f_0)| = A/\sqrt{5}$
  計算式と結果
     $|G(f_0)| = 2.2/1.41 = 1.56$（倍）
     $|G(2f_0)| = 2.2/2.24 = 0.982$（倍）

10.2　ハイパスフィルタ

10.2.1　反転増幅型ハイパスフィルタ

　反転増幅型のハイパスフィルタを図10.3に示した。第9章の反転増幅回路のインピーダンス Z_1 を抵抗 R_1 とコンデンサ C の直列回路に置き換え、インピーダンス Z_2 を抵抗 R_2 としている。

　インピーダンス Z_1 は（10.4）式で表される。

$$R_1 + \frac{1}{j\omega C} \qquad \cdots(10.4)$$

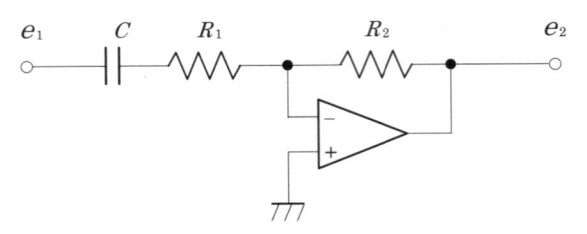

図 10.3　ハイパスフィルタ

したがって、伝達関数 G は（10.5）式となる。ただし、$\omega_0 = 1/CR_1$ であり、これはカットオフ周波数を表している。A は基準ゲインである。

$$
\begin{aligned}
G &= -\frac{Z_2}{Z_1} \\
&= -\frac{R_2/R_1}{1 + 1/j\omega CR_1} \\
&= -\frac{A}{1 + \omega_0/j\omega}
\end{aligned}
\quad \cdots (10.5)
$$

$$
A = \frac{R_2}{R_1} \quad \cdots (10.6)
$$

すなわち、この伝達関数は周波数が高いときのゲインが A になるハイパスフィルタであることを示している。そしてゲインを 1 以上にすることができる。

10.2.2　低音の音質調整

9.1 節では、CD プレーヤのヘッドフォン端子から信号を得て、これを増幅することによりスピーカを駆動する回路を学んだ。図 10.4 のようにハイパスフィルタの機能を追加すると音質調整ができる。

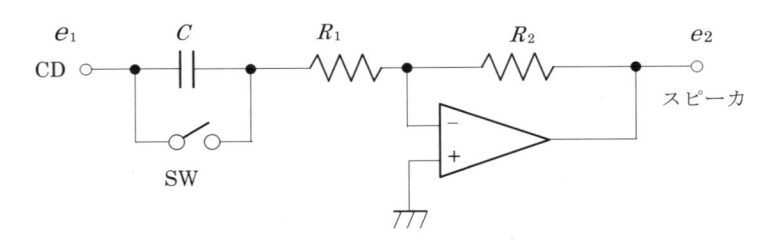

図 10.4　低音の音質調整

第10章 アクティブフィルタ

スイッチ SW をオンにすると CD プレーヤの信号は、低音の信号も高音の信号も増幅されてスピーカを駆動する。スイッチをオフにするとハイパスフィルタになるので、低音の信号は減衰する。したがって、スイッチをオフにすると、クリアな音質を得ることができる。

10.2.3 音質調整の計算（低音）

(1) 図10.4の回路で CD プレーヤのヘッドフォン端子の信号を増幅してスピーカを駆動する。$R_1 = 12\ \text{k}\Omega$、$R_2 = 39\ \text{k}\Omega$、$C = 47\ \text{nF}$ とすると、SW をオンにしているときのゲイン A はいくらか。

　　文字式　　$A = R_2/R_1$
　　計算式　　$39\ \text{k}/12\ \text{k} = 3.25$
　　結果　　　3.25 倍

(2) スイッチをオフにしたときのカットオフ周波数 f_0 を求めよ。

　　文字式　　$f_0 = 1/2\pi C R_1$
　　計算式　　$1/6.28 \times 47\ \text{n} \times 12\ \text{k} = 1/3540\ \mu = 1/3.54\ \text{m} = 0.283\ \text{k}$
　　結果　　　283 Hz

(3) 上記で f_0 および $f_0/2$ のときのゲインはいくらか。

　　文字式　　$|G(f)| = A/(1+f_0^2/f^2)^{1/2}$
　　　　　　　$|G(f_0)| = A/\sqrt{2}$
　　　　　　　$|G(f_0/2)| = A/\sqrt{5}$

　　計算式と結果
　　　　　　　$|G(f_0)| = 3.25/1.41 = 2.31$（倍）
　　　　　　　$|G(f_0/2)| = 3.25/2.24 = 1.45$（倍）

10.3　遅延フィルタの知識

　周波数が変わってもゲインが一定であり位相だけが変化するフィルタで、信号を遅延するのに使われる。
　たとえばテレビでは、輝度信号と色信号の処理時間が異なると、映像に色ず

れが生じる。これを補正するため遅延フィルタを使って、**輝度信号と色信号の時間差**を少なくしている。

10.3.1 遅延フィルタの構成

ローパスフィルタのキャパシタは接地されている。周波数が高くなると、キャパシタのインピーダンスは小さくなり、その両端の電圧が小さくなってローパスの特性を示す。

遅延フィルタは、図 10.5 のようにキャパシタの接地端に逆位相の信号を加えて構成する。周波数が高くなると、キャパシタのインピーダンスは小さくなり、逆位相の信号がフィルタの出力端に現れる。

この場合には反転増幅回路で、入力信号を逆位相にしている。

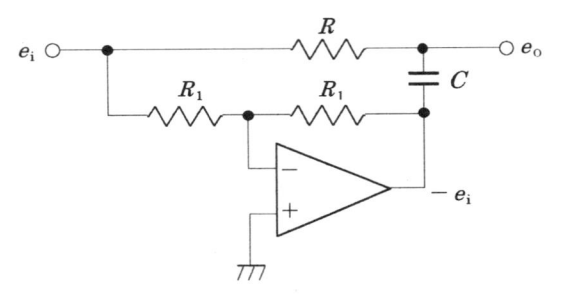

図 10.5 遅延フィルタ

10.3.2 遅延フィルタの特性

遅延フィルタの位相は低周波では 0 度で、高周波では -180 度回転する。いっぽう、ゲインは低周波でも高周波でも 1 である。任意の周波数でどうなるか伝達関数によって調べる。

図 10.5 の出力端でキルヒホッフの第 2 法則を適用すると (10.7) 式を得る。

$$j\omega C(-e_i - e_o) + \frac{e_i - e_o}{R} = 0 \qquad \cdots(10.7)$$

したがって、伝達関数 G は (10.8) 式となる。ただし、$\omega_0 = 1/CR$ である。

$$G = \frac{e_o}{e_i}$$

$$= \frac{1-j\omega CR}{1+j\omega CR}$$

$$= \frac{1-j\omega/\omega_0}{1+j\omega/\omega_0} \qquad \cdots (10.8)$$

すなわち、ゲイン$|G|$は周波数に関係なく 1 となる。また、位相は(10.9)式で表される。

$$\tan\angle G = -2\frac{\omega/\omega_0}{1-\omega^2/\omega_0^2} \qquad \cdots (10.9)$$

いっぽう遅延時間 D は位相を角速度で微分すると得られ、つぎのようになる。

$$D = \frac{d\angle G}{d\omega} = -2\frac{1}{1-\omega^2/\omega_0^2} \qquad \cdots (10.10)$$

位相と遅延時間をグラフで表すと、図10.6のようになる。

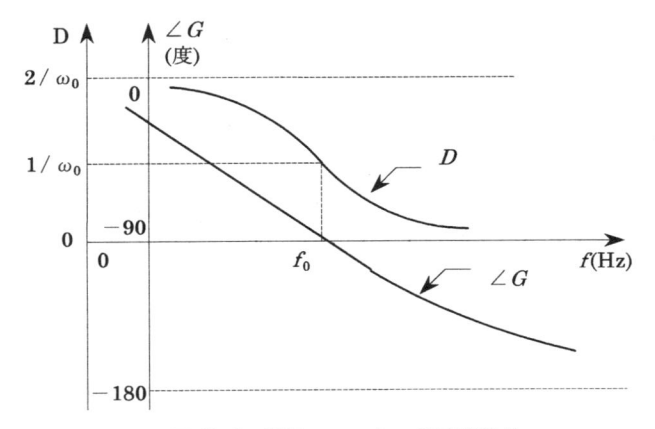

図 10.6 遅延フィルタの周波数特性

10.4 二次アクティブフィルタの知識

10.4.1 オペアンプを用いた二次アクティブフィルタ

前節までに学んだアクティブフィルタは、一次フィルタと呼ばれるもので、周波数が 2 倍になったときの、利得の周波数特性が倍または半分(±6dB)になるものであった。このような利得対周波数の傾斜をオクターブ±6dB(±6dB/oct)の勾配と呼んでいる。一次フィルタよりさらに、鋭い傾斜のフィルタ

が必要な場合には、多次である N 次フィルタを用いればよい。この場合には、オクターブ $±6×N$ dB の勾配が得られることになる。

オペアンプを用いた二次以上のアクティブフィルタとして、有名なものに、1955 年に発表された Sallen-Key フィルタがある。二次の Sallen-Key フィルタは図 10.7 に示したように、オペアンプを 1 個だけ用いた利得が 1 の簡単な回路で構築することができる。図 10.7 のフィルタの出力 e_o は入力 e_i に対して（10.11）式で表すことができる。

$$e_o = \frac{Z_1' Z_2'}{Z_1 Z_1' + (Z_1 + Z_1')(Z_2 + Z_2') - Z_2' Z_1} e_i \quad \cdots(10.11)$$

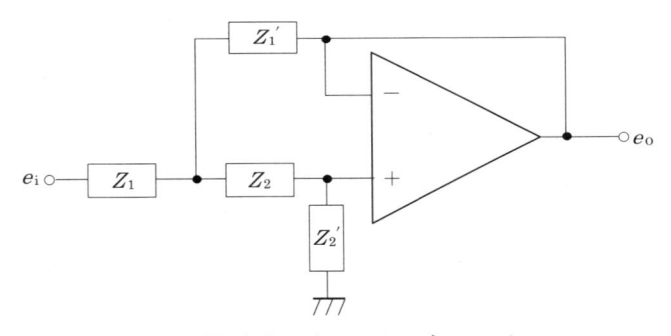

図 10.7 二次アクティブフィルタ

10.4.2 アクティブ・二次ローパスフィルタ

Sallen-Key フィルタを使った二次のローパスフィルタを考える。この場合、$Z_1 = R_1$、$Z_2 = R_2$、$Z_1' = 1/j\omega C_1$、$Z_2' = 1/j\omega C_2$ とすれば、（10.11）式は、

$$\frac{e_o}{e_i} = \frac{1/\omega^2 C_1 C_2}{\{j\omega C_2 R_1 + (1+j\omega C_1 R_1)(1+j\omega C_2 R_2) - j\omega C_1 R_1\}/\omega^2 C_1 C_2}$$
$$= \frac{1}{1 - \omega^2 C_1 C_2 R_1 R_2 + j\omega C_2(R_1 + R_2)}$$

のように整理でき、さらに、

$$\omega_0^2 = \frac{1}{C_1 C_2 R_1 R_2} \qquad Q_L = \frac{\sqrt{C_1 C_2 R_1 R_2}}{C_2(R_1 + R_2)}$$

とおき、角周波数を ω_0 で正規化して、$\omega/\omega_0 = \Omega_L$ とすると

第10章 アクティブフィルタ

$$\frac{e_o}{e_i} = \frac{1}{1-\omega^2/\omega_0^2 + j\omega/\omega_0 \cdot Q_L}$$

$$= \frac{1}{1-\Omega_L^2 + j\Omega_L/Q_L}$$

になる。ここで、伝達関数の周波数特性を計算すると、

$$|H(\Omega_L)| = \frac{|e_o|}{|e_i|} = \frac{1}{\sqrt{(1-\Omega_L^2)^2 + (\Omega_L/Q_L)^2}} \quad \cdots(10.12)$$

(10.12) 式が得られ、これをいくつかの Q_L についてグラフ化すると、図10.8に示すように、Q_L が $1/\sqrt{2}$ 以下のときは単純下降カーブの曲線が、1以上のときにはカットオフ周波数の下側近傍にピークを持った急峻な周波数特性曲線が得られる。

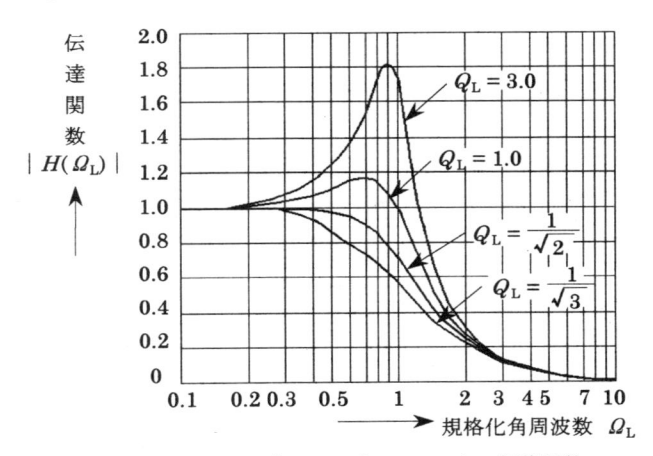

図10.8 アクティブ・ローパスフィルタの伝達関数

(10.8) 式で、Q が $1/\sqrt{2}$ の場合はバターワース (Butterworth) フィルタの名があり、その伝達関数は、

$$|H(\Omega_L)| = \frac{1}{\sqrt{1+\Omega_L^4}}$$

のようにシンプルな形になる。N 次のバターワースフィルタの伝達関数は、

$$|H(\Omega)| = \frac{1}{\sqrt{1+\Omega^{2N}}}$$

のように一般化することができる。最後に、オペアンプによるローパスフィルタの回路を図10.9に示す。

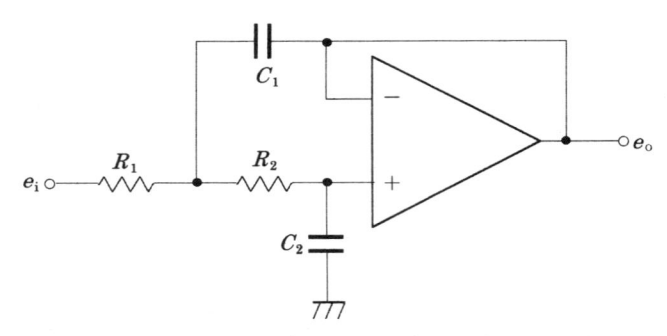

図 10.9　オペアンプを用いた二次ローパスフィルタ

10.4.3　アクティブ・二次ハイパスフィルタ

図 10.9 の回路を図 10.10 のように変更すれば、ハイパスフィルタに変換することができる。

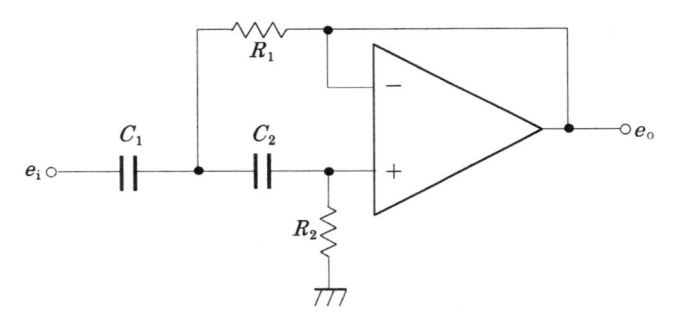

図 10.10　オペアンプを用いた二次ハイパスフィルタ

この場合、$Z_1 = 1/j\omega C_1$、$Z_2 = 1/j\omega C_2$、$Z_1' = R_1$、$Z_2' = R_2$ であるから、入出力の関係は、

$$\frac{e_o}{e_i} = \frac{R_1 R_2}{\{j\omega C_2 R_1 + (1+j\omega C_1 R_1)(1+j\omega C_2 R_2) - j\omega C_2 R_2\}/\omega^2 C_1 C_2}$$

$$= \frac{\omega^2 C_1 C_2 R_1 R_2}{1 - \omega^2 C_1 C_2 R_1 R_2 + j\omega R_1 (C_1 + C_2)}$$

であり、ここで、$\omega_0^2 = \dfrac{1}{C_1 C_2 R_1 R_2}$、$Q$ はこの場合には、$Q_H = \dfrac{\sqrt{C_1 C_2 R_1 R_2}}{R_1 (C_1 + C_2)}$ とすれば、

第10章 アクティブフィルタ

$$\frac{e_o}{e_i} = \frac{1}{\omega_0^2/\omega^2 - 1 + j\omega_0/\omega \cdot Q_H}$$

のようにローパスフィルタのときと似た式が得られ、$\omega/\omega_0 = \Omega_H$の規格化された角周波数を用いれば、

$$\frac{e_o}{e_i} = \frac{1}{1/\Omega_H^2 - 1 + j/Q_H\Omega_H}$$

となり、伝達関数 $H(\Omega_H)$ は、

$$|H(\Omega_H)| = \frac{|e_o|}{|e_i|} = \frac{1}{\sqrt{(1/\Omega_H^2 - 1)^2 + (1/Q_H\Omega_H)^2}}$$

が得られる。これを、Q_H をパラメータとして計算して、図10.11の周波数特性曲線が得られる。

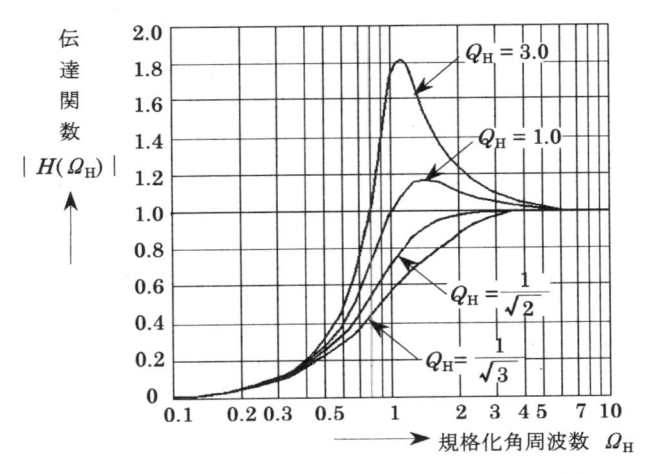

図10.11 アクティブ・ハイパスフィルタの伝達関数

第 **11** 章

発 振 回 路

正帰還を使うと周期波形を発生することができる。これを発振回路という。

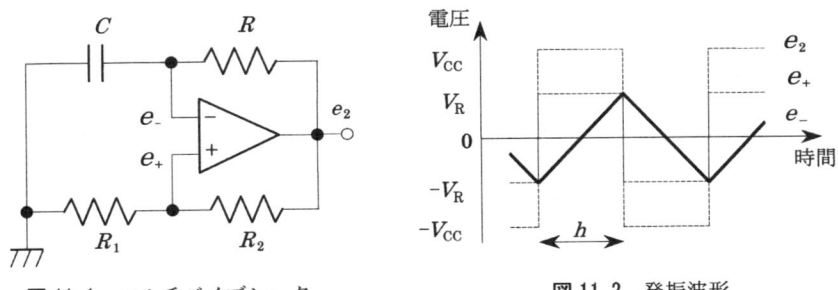

11.1 マルチバイブレータ

キャパシタに充放電することで周期波形を発生する回路をマルチバイブレータという。

11.1.1 オペアンプを使ったマルチバイブレータ

図 11.1 はオペアンプを使ったマルチバイブレータである。図 11.2 のような**三角波**や方形波を発振させることができる。

図 11.1 マルチバイブレータ

図 11.2 発振波形

オペアンプは V_{CC} と $-V_{\mathrm{CC}}$ の 2 電源ではたらかせ、最大 V_{CC}、最小 $-V_{\mathrm{CC}}$ の出力が得られるとする。出力は抵抗 R_2 により正入力端子へ正帰還されている。

出力が V_{CC} のときキャパシタ C は抵抗 R を通して充電される。このとき、正

入力端子の電圧は V_R である。充電により負入力端子の電圧が V_R を超えると、出力は $-V_{CC}$ に反転する。したがって、キャパシタ C は抵抗 R を通して放電される。このとき、正入力端子の電圧は $-V_R$ になる。放電により負入力端子の電圧が $-V_R$ 以下になると、出力は V_{CC} に反転する。これをくり返して発振が継続する。出力が V_{CC} か $-V_{CC}$ になっている間、増幅作用はないのでイマジナリーヌルは成立しない。

マルチバイブレータはテレビジョン用水平走査信号の発生や、マイクロコンピュータのクロック発生に実用されている。

11.1.2 発振波形の解析

出力 e_2 が正のとき、正入力端子の電圧 e_+ はつぎの V_R に等しい。V_R は基準電圧で、k は分圧率である。

$$V_R = k V_{CC} \qquad \cdots(11.1)$$

$$k = \frac{R_1}{R_1 + R_2} \qquad \cdots(11.2)$$

そして図 11.1 のようにキャパシタ C は抵抗 R を通して充電され、負入力端子の電圧 e_- は時定数 τ で V_{CC} に向かって上昇する。

$$\tau = CR \qquad \cdots(11.3)$$

e_- が e_+ の値 V_R を超えると出力は $-V_{CC}$ に下がるので、C は抵抗 R を通して放電され、e_- は時定数 τ で $-V_{CC}$ に向かって下降する。

e_- が e_+ の値 $-V_R$ 以下になると出力は V_{CC} 上がるので、再び e_- は時定数 τ で V_{CC} に向かって充電され上昇する。このように、図 11.1 のマルチバイブレータは、キャパシタ C に対する充放電をくり返し、振幅が $\pm V_R$ の三角波を発振する。

充電または放電の期間は半周期 h であり、つぎの式が成り立つ。

$$(V_{CC} + V_R)\{1 - \exp(-\frac{h}{\tau})\} = 2 V_R \qquad \cdots(11.4)$$

h/τ が小さいときには、$\exp(-h/\tau) = 1 - h/\tau$ であるから、(11.5) 式のように h と τ の比を求めることができる。周期 T は $2h$ に等しく、周波数 f は $1/T$ になる。

$$\frac{h}{\tau} = \frac{2V_R}{V_R + V_{CC}} = \frac{2k}{k+1} \qquad \cdots(11.5)$$

11.1.3 マルチバイブレータの計算

(1) ノートパソコンのリチウム電池パックにはマイクロコンピュータが内蔵されている。通常は数 MHz のクロックではたらいて電池の電圧や電流を監視している。しかし、電池を使わないときは数十 kHz にクロックを下げてマイクロコンピュータの消費電力を小さくし、電池を長持ちさせる工夫がされている。このためマルチバイブレータがマイクロコンピュータのチップに内蔵される例もある。$V_{CC} = 2.5$ V、$C = 100$ pF、$R = 500$ kΩ、$R_1 = 10$ k、$R_2 = 70$k の場合、分圧率 k を求めよ。

  文字式 $k = R_1/(R_1 + R_2)$
  計算式 10 k/(10 k + 70 k) = 0.125
  結果 0.125 倍

(2) 上記で周期 T を求めよ。

  文字式 $T = 2h = 4\tau k/(k+1) = 4CR k/(k+1)$
  計算式 4×100 p $\times 500$ k $\times 0.125/(0.125+1) = 22.2 \mu$
  結果 22.2 μs

(3) 上記で三角波の振幅を求めよ。

  文字式 $\pm V_R = \pm k V_{CC}$
  計算式 $\pm 0.125 \times 2.5 = \pm 0.313$
  結果 ±313 mV

11.2 コルピッツ発振回路

11.2.1 MOS トランジスタによるコルピッツ発振

 図 11.3 にコルピッツ発振回路の例を示した。MOS トランジスタと抵抗でドレイン接地回路を構成している。出力 e_2 は、キャパシタ C_1、キャパシタ C_2、インダクタ L_3 で構成したフィルタを通ってゲートの入力 e_1 として正帰還される。電源はドレインに加えられ、またインダクタを通してゲートに加えられる。

この発振回路は、増幅素子の動作限界周波数の近くまで発振でき、テレビジョンのチューナやバイポーラトランジスタを使う場合など多くの応用例がある。

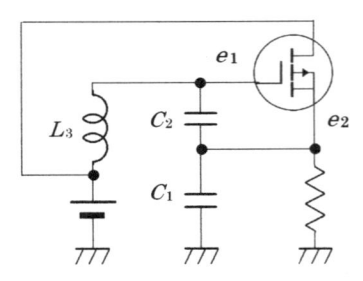

図 11.3　コルピッツ発振回路

また、水晶振動子を使って発振させることもできる。すなわち、水晶振動子は共振周波数付近でインダクタのはたらきをするから、図 11.3 のインダクタの代わりに水晶振動子を使うと発振する。しかし、水晶振動子は直流を伝えることはできないので、ゲートと電源の間に高抵抗を接続してゲート電圧をスレッショルド電圧より高くする必要がある。

水晶振動子の知識については、11.4 節で紹介する。

11.2.2　発振のしくみ

ドレイン接地の入力 e_1 がどのように増幅されて、再びゲートに帰還されるのかを考える。そのため、ドレイン接地を信号源 e_1 と動抵抗 r_d で表し、フィルタと合わせて、図 11.4 のように等価回路で発振回路の動作を示した。

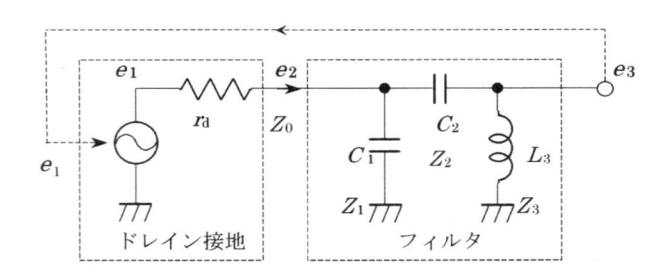

図 11.4　コルピッツ発振の等価回路

第11章 発振回路

フィルタは C_1+C_2 と L_3 で定まる周波数で共振する。そしてフィルタの出力を e_3 とすると点線で表した帰還路を経て、再びゲートに帰還される。このとき e_3 が e_1 より大きくかつ e_1 と同相であると、一巡するごとに振幅が大きくなって、増幅器の振幅限界に達すると発振が安定する。

つぎに各部の振幅と発振周波数について考える。入力信号 e_1 はドレイン接地により増幅される。すなわち、信号源の振幅が e_1 で出力抵抗が r_d となる。ここで、フィルタの入力インピーダンス Z_0 が負荷になって r_d による電圧降下が生じる。Z_0 は (11.6) 式で表される。ただし、Z_1 は C_1 のインピーダンス、Z_2 は C_2 のインピーダンス、Z_3 は L_3 のインピーダンスである。これにより Z_0 を整理すると (11.7) 式となる。

$$Z_0 = \frac{Z_1(Z_2+Z_3)}{Z_1+Z_2+Z_3} \qquad \cdots(11.6)$$

$$= \frac{1}{j\omega(C_1+C_2)} \frac{1-\omega^2/\omega_2^2}{1-\omega^2/\omega_0^2} \qquad \cdots(11.7)$$

ただし、$\omega_2^2 L_3 C_2 = 1$ で、これは L_3 と C_2 の共振周波数を表している。また、$\omega_0^2 L_3 C_0 = 1$、$C_0 = C_1 C_2/(C_1+C_2)$ であり、これは C_1 と C_2 の直列容量と L_3 の共振周波数を表している。

Z_0 と r_d によってドレイン接地の伝達関数 G が (11.8) 式で表され、整理すると (11.9) 式となる。

$$G = \frac{Z_0}{r_d + Z_0} \qquad \cdots(11.8)$$

$$= \frac{1}{1+j\omega(C_1+C_2)r_d \dfrac{1-\omega^2/\omega_0^2}{1-\omega^2/\omega_2^2}} \qquad \cdots(11.9)$$

(11.9) 式により $\omega=\omega_0$ のとき虚数部が 0 になりゲインが 1 になることがわかる。すなわち、位相回転がなく、かつゲインは最大である。

つぎにフィルタの伝達関数 H について考える。(11.10) 式で表されるが、整理すると (11.11) 式となる。

$$H = \frac{Z_3}{Z_2+Z_3} \qquad \cdots(11.10)$$

$$= \frac{1}{1-\omega_2^2/\omega^2} \qquad \cdots(11.11)$$

したがって、$\omega=\omega_0$のときは $H=1+C_1/C_2$ となる。すなわち、$\omega=\omega_0$のときドレイン接地とフィルタの合成伝達関数は（11.12）式となり、ゲインが1以上で位相回転がない。

$$GH = 1 + \frac{C_1}{C_2} \qquad \cdots(11.12)$$

そして、e_3 が e_1 より大きくかつ同相であるから、一巡するごとに振幅が大きくなって発振する。

つぎに任意の周波数における合成伝達関数のゲインと位相を調べる。（11.9）式と（11.11）式から GH はつぎのようになる。

$$GH = \frac{1}{1-\omega^2/\omega_2{}^2 - j\omega(C_1+C_2)\,r_d(1-\omega^2/\omega_0{}^2)\omega_2{}^2/\omega^2} \qquad \cdots(11.13)$$

ゲインと位相を求めると、図 11.5 を得る。

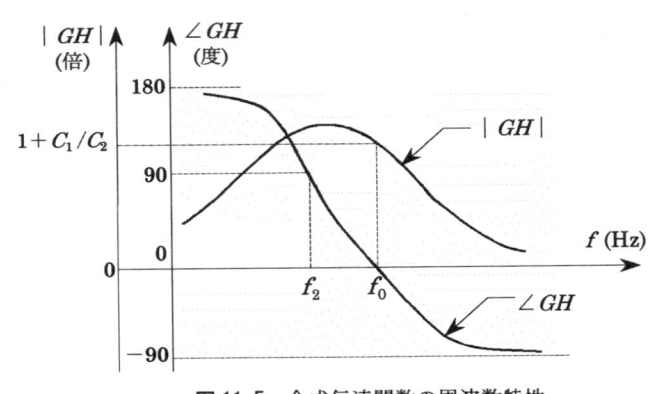

図 11.5 合成伝達関数の周波数特性

図 11.5 によると周波数が f_0 で位相が 0 度となるので、f_0 で発振することが理解できる。

11.2.2 コルピッツ発振回路の計算

(1) 電卓のマイクロコンピュータをはたらかせるクロック発生器を図 11.3 のコルピッツ発振回路で構成する。C_1 が 33 pF、C_2 が 22 pF、L_3 が 100 μH、ソースの抵抗を 1.8 kΩ とすると発振周波数はいくらか。

第11章　発振回路

文字式　$f_0^2 = \omega_0^2/4\pi^2 = 1/4\pi^2 L_3 C_0 = (C_1+C_2)/4\pi^2 L_3 C_1 C_2$

計算式　$(33\text{p}+22\text{p})/4 \times 9.86 \times 100\mu \times 33\text{p} \times 22\text{p}$

　　　　$f_0^2 = 0.0000192/\mu\text{p}$

　　　　$f_0 = 0.00438/\text{m}\mu = 0.00438\text{ G}$

結果　4.38 MHz

(2) 上記で発振周波数におけるフィルタのゲインはいくらか。

文字式　$H = 1 + C_1/C_2$

計算式　$1 + 33\text{p}/22\text{p} = 2.5$

結果　2.5 倍

11.3　CR 発振回路の知識

インダクタとキャパシタの共振を利用し正弦波を発振させることを前節で学んだ。集積回路の発達に伴って、変復調など内部で正弦波発振回路を必要とする場合が増加している。集積回路はインダクタを内部素子として構成することが困難なので、キャパシタと抵抗で発振させる CR 発振回路の重要度が増している。CR 発振回路には、ウイーンブリッジ発振回路、移相 CR 発振回路、並列 T 形発振回路などがある。ここではウイーンブリッジ発振回路を学ぶ。

11.3.1　ウイーンブリッジ発振回路の構成

図 11.6 にウイーンブリッジ発振回路の例を示した。フィルタは Z_1 と Z_2 で構成されている。周波数が低いと Z_1 のインピーダンスは大きくゲインは小さい。

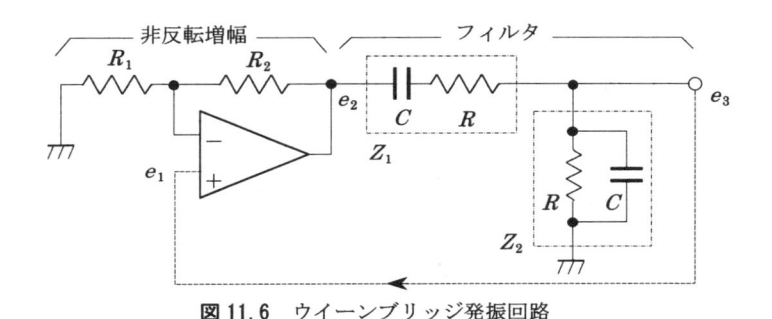

図 11.6　ウイーンブリッジ発振回路

また、周波数が高いと Z_2 のインピーダンスは小さくゲインも小さい。したがって、ゲインが最大となる周波数があって、このときのフィルタの出力を非反転増幅回路で増幅してフィルタの入力に加えると発振すると考えられる。

11.3.2 発振のしくみ

オペアンプの入力 e_1 がどのように増幅されて、再びオペアンプに帰還されるのかを考える。

フィルタは Z_1 と Z_2 で構成されている。Z_1 と Z_2 はつぎのように表すことができる。

$$Z_1 = \frac{1}{j\omega C} + R \qquad \cdots(11.14)$$

$$Z_2 = \frac{1}{1/R + j\omega C} \qquad \cdots(11.15)$$

したがって、伝達関数 H は（11.16）式となる。

$$H = \frac{Z_1}{Z_1 + Z_2}$$

$$= \frac{H_0}{1 + \dfrac{Q(1 - \omega^2/\omega_0^2)}{j\omega/\omega_0}} \qquad \cdots(11.16)$$

これはバンドパスフィルタであることがわかる。そして $H_0 = 1/3$、$Q = 1/3$、$\omega_0 = 1/CR$ である。図 11.7 にゲインと位相の図を示した。

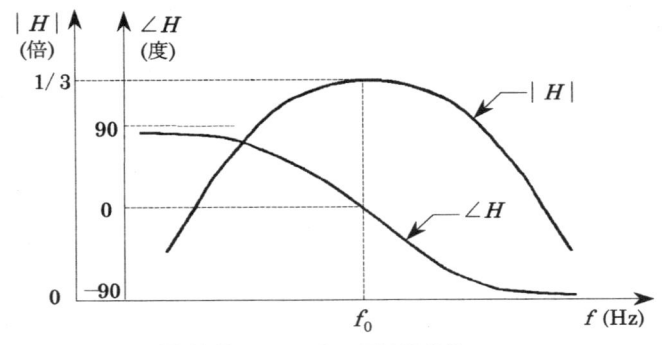

図 11.7 フィルタの周波数特性

いっぽう非反転増幅回路のゲイン G は、$G=1+R_2/R_1$ であるから、これが3以上であれば周波数 f_0 で発振可能になることがわかる。

11.4 水晶振動子の知識

11.4.1 水晶振動子とは

時計用などの安定なクロックをつくる際に、必須とされる部品が水晶振動子である。水晶振動子を発振器の正帰還ループ内に用いると、安定な周波数源が得られる。水晶振動子は、水晶（SiO_2）に機械的変位を加えると圧電気を生じ、逆に電気的入力を加えると機械的な歪が生じるという圧電効果を利用した部品である。水晶振動子の素材は天然石英（SiO_2）を溶解し、種になる小さな水晶の結晶から大きな結晶を再成長させた人工水晶である。この人工水晶から、いろいろな結晶軸に沿って切り出した薄板や棒状の細片に電極などを付け、保持方法に注意を払ってケースに封入すれば水晶振動子が完成する。細片の切り出し方向は、必要とされる周波数や温度特性により最適な方向がある。

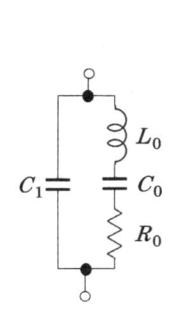

図11.8 水晶振動子の等価回路 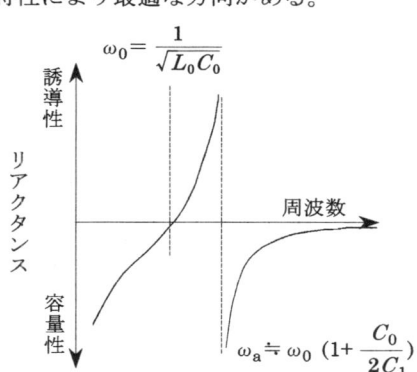　　**図11.9** 水晶振動子のリアクタンス特性

$$\omega_0 = \frac{1}{\sqrt{L_0 C_0}}$$

$$\omega_a \fallingdotseq \omega_0 \left(1+\frac{C_0}{2C_1}\right)$$

水晶振動子の等価回路は図 11.8 に示すものである。図で、キャパシタ C_1 は電極間容量などによるものであるが、L_0、C_0 および R_0 は水晶内部で起きる電気機械振動を等価回路に置き換えたものである。等価回路はセラミックフィルタなど他の圧電振動子とも同形であるが、水晶振動子の特長としては、とくに共振点 ω_0（反共振点 ω_a も同様）まわりの周波数に対するインピーダンス変化が急峻なことであり、周波数の温度に対する安定性もよい。また、共振点 ω_0

付近の急峻な特長を利用して、とくにシャープな選択度特性が必要なフィルタに使用されるケースもある。

水晶の共振周波数は 1 MHz 付近から、特殊なものでは数百 MHz にも達する。この共振点の粗い周波数調整は、水晶細片の機械的な寸法を吟味するなどして可能であり、研磨などにより微細調整することも可能である。水晶振動子のリアクタンス-周波数特性を図 11.9 に示した。図 11.10 は水晶振動子の外観を示している。市販されている水晶部品には、水晶振動子単体以外にも、回路を内蔵しクロックを直接供給する機能モジュールの水晶発振器がある。その他の機能部品として、水晶フィルタが FM 受信機や通信機などに用いられている。また、電気部品以外の光学部品として、光ピックアップ用の 1/4 波長板やディジタルカメラ用の光学的ローパスフィルタなどもある。

図 11.10　水晶振動子の外形

11.4.2 その他の圧電部品

水晶以外の圧電素子でよく用いられるものに、チタン酸バリウム（$BaTiO_3$）磁器を分極して圧電効果を生じるようにしたセラミックフィルタがある。セラミックフィルタは水晶に比べて安定性には劣るものの、廉価である特長を活かしてラジオやテレビの同調回路に使用されるほか、マイコンなどの簡易クロック発生源としても利用されている。

ニオブ酸リチウム（$LiNbO_3$）結晶や水晶の結晶の端面に、高周波電気信号-超音波間を相互に変換する素子を設け、結晶表面上に超音波の弾性表面波を伝播させ、その通路上に櫛歯状電極を設置して、その間隔を微細に設計することによりフィルタ作用を行わせるようにした SAW（Surface Acoustic Wave）フィルタが携帯電話などの高周波回路に活用されている。

第 12 章
変復調回路

電波やケーブルにたくさんの信号を乗せて送るために、**変調**をする。変調は信号より高い周波数の**搬送波**の振幅や周波数を信号に変えて情報を乗せることである。変調を受けた変調波から信号を取り出すことを**復調**という。

12.1 振幅変調回路

振幅変調は AM（Amplitude Modulation）の略名でもよく知られている。冗長ではあるが AM 変調とも呼ばれる。AM 放送は音声信号で 526.5 kHz～1.6065 MHz 内の搬送波を振幅変調している。また、テレビの地上放送も映像信号で 90 MHz～770 MHz 内の搬送波を振幅変調している。このように振幅変調は放送の基本になっている。

12.1.1 振幅変調の原理

搬送波 e_c と信号 e_s および振幅変調波 e_m は、つぎのように表される。ここに、m は**変調率**（modulation factor）である。

$$e_c = E_c \cos \omega_c t \qquad \cdots(12.1)$$

$$e_s = E_s \cos \omega_c t \qquad \cdots(12.2)$$

$$e_m = (1 + m \cos \omega_s t) E_c \cos \omega_c t \qquad \cdots(12.3)$$

$$m = \frac{E_s}{E_c} \qquad \cdots(12.4)$$

(12.3) 式が示すように振幅変調波は、信号に直流を加えて搬送波と乗算すると得ることができる。波形で示すと図 12.1 のようになり、e_m の先端を結ん

だ包絡線は e_s の波形を描く。周波数関係は $f_c = 4 f_s$ の場合を示している。

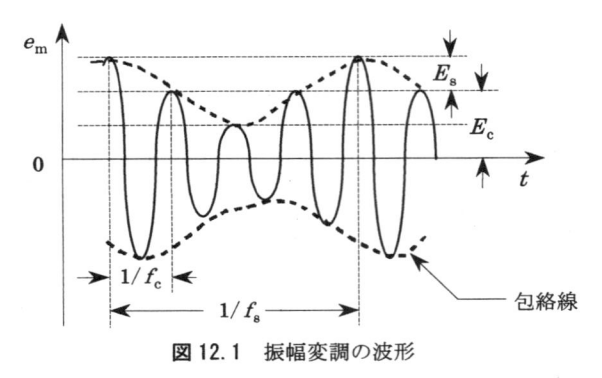

図 12.1 振幅変調の波形

12.1.2 差動増幅による振幅変調

乗算は既に学習した図 12.2 の差動増幅回路で可能となる。(12.5) 式で A は差動ゲインであって、$A = R_C / 2r_d = R_C I_0 / 2V_d$ だからである。すなわち、トランジスタ Q_2 のコレクタの信号 e_A が I_0 と e_c の積に比例する。ここに、r_d と V_d はおのおの、差動トランジスタの動抵抗と動抵抗の電圧降下（熱電圧）である。

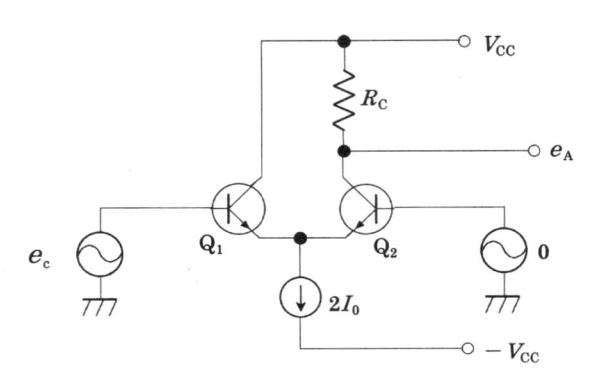

$$e_A = A e_c$$
$$\quad\,\, = B I_0 e_c \qquad\qquad\qquad\cdots(12.5)$$
$$B = \frac{R_C}{2V_d} \qquad\qquad\qquad\cdots(12.6)$$

図 12.2 差動増幅による振幅変調

第 12 章 変復調回路

そこで $2I_0$ を直流 $2I_{00}$ と信号 i を加えたものにすると振幅変調が実行される。

図 12.3 に信号を重畳した電流源を示した。このトランジスタのコレクタ電流はつぎのようになる。

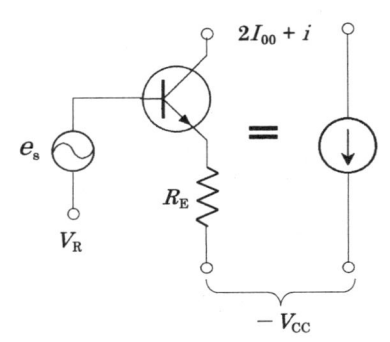

図 12.3 信号を重畳した電流源

$$2I_{00} + i = \frac{V_R + e_s - V_{BE} + V_{CC}}{R_E}$$
$$= \frac{V_R - V_{BE} + V_{CC}}{R_E} + \frac{e_s}{R_E} \qquad \cdots(12.7)$$

すなわち、信号 $i = e_s/R_E$ に、電流 $2I_{00} = (V_R - V_{BE} + V_{CC})/R_E$ が加えられている。この電流源回路を図 12.2 の電流源と置き換えると振幅変調が可能になる。振幅変調波と変調率は、(12.8) 式と (12.9) 式で表される。

ここに、I は $i = I\cos\omega_s t$ の振幅であるから、$I = E_s/R_E$ である。

$$e_A = B\left(I_{00} + \frac{i}{2}\right)e_c \qquad \cdots(12.8)$$

$$m = \frac{I}{2I_{00}} \qquad \cdots(12.9)$$

テレビゲームの振幅変調回路を図 12.4 に示した。ゲームの映像信号を 1 チャネルで伝送するなら、搬送波の周波数は 91.25 MHz とする。このような高周波の場合、差動増幅器のゲインが低下する。とくに出力端子に接続された部品や配線とアース間の容量でインピーダンスが Q_2 のコレクタ抵抗 R_C より小さくなってしまうからである。

図 12.4 ではこのインピーダンスの低下を防ぐため R_C と並列にインダクタを接続して、搬送波の周波数で共振させ容量の影響を取り除いている。

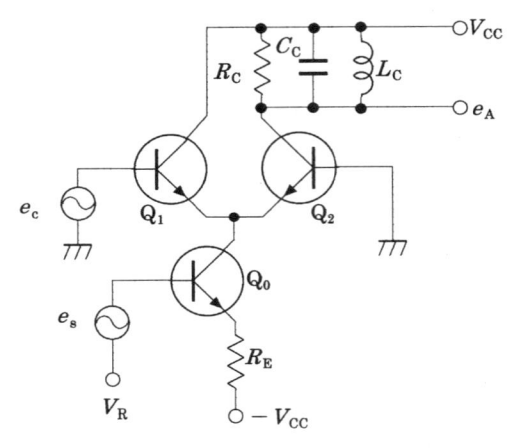

図 12.4 乗算回路

12.1.3 振幅変調の計算

(1) テレビゲームの振幅変調回路を図 12.4 に示してある。いまベース・エミッタ間の電圧 V_{BE} が 0.7 V のトランジスタを使って、電源は $V_{CC}=3.5$ V と $V_R=-1$ V、$R_E=180\,\Omega$、$R_C=100\,\Omega$ とする。そして、信号 e_s は±1 V、搬送波 e_c は±5 mV 加える。定電流源の直流電流を求めよ。

  文字式 $2I_{00} = \{V_R - V_{BE} - (-V_{CC})\} / R_E$

  計算式 $(-1 - 0.7 + 3.5) / 180 = 0.01$

  結果   10 mA

(2) 上記で変調率はいくらになるか。

  文字式 $m = I / 2I_{00}$

  計算式 $1/180 \times 10\,m = 1/1800\,m = 1/1.8 = 0.556$

  結果   55.6 %

(3) 上記で差動ゲインを求めよ。

  文字式 $A = R_C I_{00} / 2V_d$

  計算式 $100 \times 5m / 2 \times 26m = 9.62$

  結果   9.62 倍

  説明   ・電流の動作点は I_0 を I_{00} に置き換える。

(4) 上記で出力 e_A の搬送波振幅 E_{Ac} はいくらか。
    文字式　$E_{Ac} = AE_c$
    計算式　$9.62 \times 5m = 48.1\ m$
    結果　　48.1 mV

12.2　振幅変調の復調

　AM 放送やテレビの地上放送を受信するには、アンテナから得た振幅変調信号から音声や映像の信号を取り出す必要がある。これを復調という。

12.2.1　包絡線復調回路

　振幅変調の復調は図 12.5 に示した包絡線復調回路が多く使用される。ダイオードを通して変調信号の先端をキャパシタに蓄積する方法で、これは 5.2 節で学んだ整流回路と同じ構成をしている。つまり入力の交流電圧の振幅が信号により変化していると考えてよい。

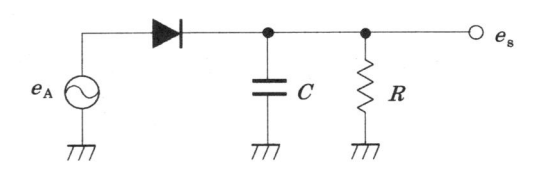

図 12.5　包絡線復調回路

12.2.2　復調回路の波形

　復調回路は整流回路であるから、出力には直流を含む。ダイオードの順電圧 V_{AK} を無視すると、直流電圧の平均値はほぼ E_c である。図 12.5 では直流電圧を無視して信号 e_s だけを記している。また、図 12.6 に整流の動作によって復調された波形を、実線で示した。これはほぼ $E_c + e_s$ であるが、リップルを含む。

　リップルの値は、(5.5) 式によって定まる。変調信号の先端を E_m とし放電時間を約 $1/f_c$ とすると、$E_m/f_c CR$ となる。リップルを低減するには時定数 CR を大きくする必要がある。

　しかし、むやみに大きくすると、出力の変化が信号に追従できなくなる。包

絡線すなわち信号の降下速度は最大 $E_s\omega_s$ であり、100%変調のとき $E_c\omega_s$ となる。このとき出力の降下速度は、E_c/CR であるから、時定数 CR を $1/\omega_s$ より小さくする必要がある。

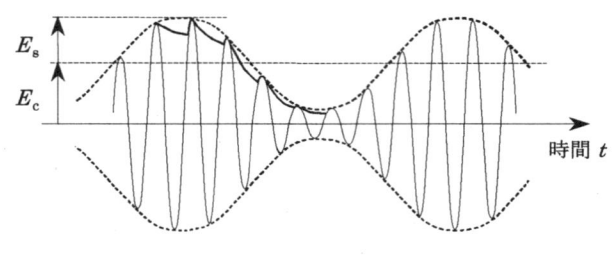

図 12.6　包絡線復調波形

12.2.3　復調の計算

(1) 図 12.5 の復調回路で AM ラジオの復調をする。$E_c = 2\text{V}$ でゲルマニウムダイオードを使う。順電圧が小さいのでこれを無視する。搬送波周波数 $f_c = 1\text{MHz}$、信号周波数 $f_s = 5\text{KHz}$、$C = 1000\text{pF}$、$R = 10\text{k}\Omega$ なら、$E_m = 2\text{V}$ のときのリップルの値はいくらか。

　　文字式　$E_m/f_c CR$
　　計算式　$2/1\text{M} \times 1000\text{p} \times 10\text{k} = 2/10000\text{ m} = 0.2$
　　結果　　200 mV

(2) 上記で 100%変調における包絡線の最大降下速度は何 mV/μs か。

　　文字式　$E_c\omega_s = 2\pi E_c f_s$
　　計算式　$2\pi \times 2 \times 5\text{k} = 62.8\text{k}$
　　結果　　62.8 mV/μs

(3) 上記で出力の降下速度は何 mV/μs か。

　　文字式　E_c/CR
　　計算式　$2/1000\text{p} \times 10\text{k} = 2/10000\text{ n} = 0.2/\mu$
　　結果　　200 mV/μs

12.3 周波数変調の知識

周波数変調はFM (Frequency Modulation) の略名でもよく知られている。冗長ではあるがFM変調とも呼ばれる。FM放送は音声信号で約80 MHzの搬送波を周波数変調している。また、テレビの衛星放送も映像信号で約12 GHzの搬送波を周波数変調している。

12.3.1 周波数変調とは

FM変調はAM変調とともに、アナログ変調でしばしば使用されでおり、FM放送などでおなじみの方式である。FM変調では、搬送波自体の周波数を変化させることにより信号を伝送する。FM変調波の振幅は一定であり、伝送中に混入した振幅方向の雑音などは、振幅を抑圧するリミッタ回路を通すことにより除去が可能である。したがって、受信側では高品質の情報の復調が可能なことが特長である。

周波数変調の概念を図12.7に示した。周波数 f_c の搬送波が信号 f_s で変調され、すなわち、信号の電圧が高くなると周波数が高くなり、信号の電圧が低くなると周波数が低くなっている。ここに、f_d を周波数偏移とすると周波数変調信号の周波数 f は (12.10) 式で表すことができる。

$$f = f_c + f_d \cos \omega_s t \qquad \cdots(12.10)$$

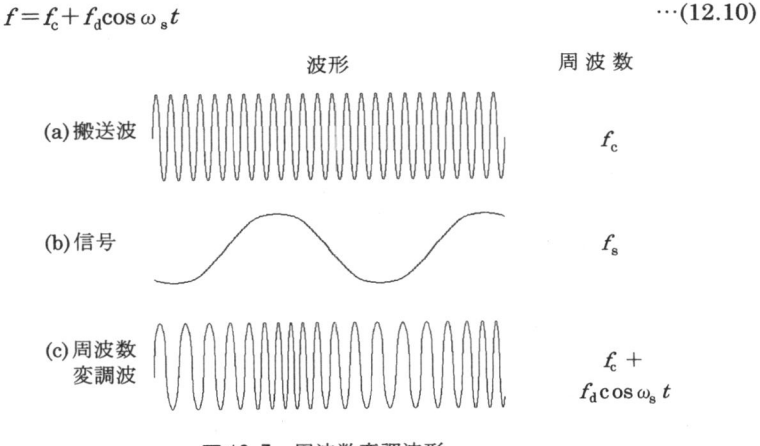

	波形	周波数
(a) 搬送波		f_c
(b) 信号		f_s
(c) 周波数変調波		$f_c + f_d \cos \omega_s t$

図12.7 周波数変調波形

ここで、f_d は信号に応じて搬送波周波数 f_c からどれだけの周波数の変化を与えるかを定めるものであり、$f_d/2\pi$ は**最大周波数偏移**と呼ばれる FM 変調では重要な指標である。

12.3.2　ワイヤレスマイクによる周波数変調

ワイヤレスマイクでも FM 放送と同じく周波数変調が使われる。図 12.8 に音声で容量が変化するマイクを使った例を示す。

音声は金属板 2 枚を対向させたキャパシタで容量変化に変えられる。3 個のキャパシタの合成容量は、$C_M + C_1 \times C_2/(C_1 + C_2)$ となり、L_3 と共振してコルピッツ発振回路を構成している。キャパシタによる容量変化で発振周波数が変化し、FM 変調が行われる。微弱な電波を発信する必要があるので、アンテナは数 cm で実用されることが多い。

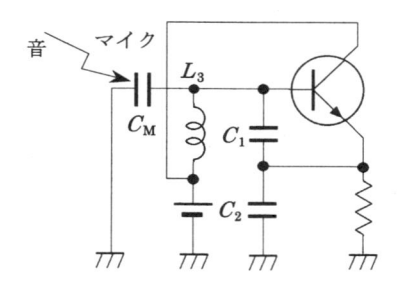

図 12.8　ワイヤレスマイクによる周波数変調

12.3.3　周波数変調の復調

周波数変調の復調として乗算回路を使った例を説明する。乗算は図 12.4 に示した回路を使う。これは振幅変調に利用したものである。

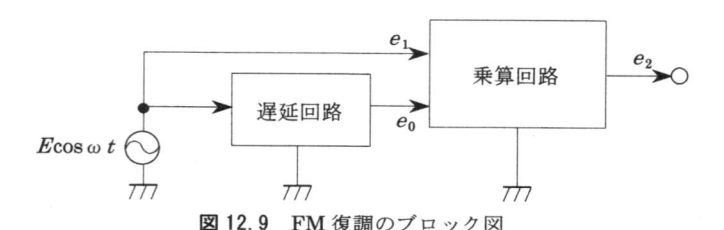

図 12.9　FM 復調のブロック図

第 12 章　変復調回路

　図 12.9 にブロック図を示した。周波数が変わっても遅延時間が一定とみなされる遅延回路の、入力信号と出力信号を乗算回路に入力する。

　e_1 と e_0 の位相は周波数によって変化するので、乗算回路の出力は周波数によって変化し図 12.10 のように逆 S 形の周波数特性を得ることができる。これを S カーブという。

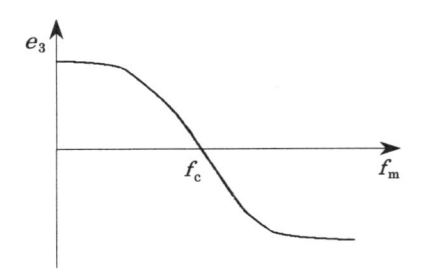

図 12.10　S カーブ

つぎに回路図で FM 復調のしくみを説明する。

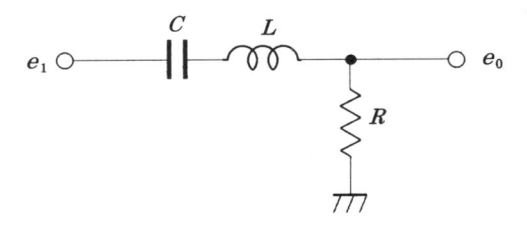

図 12.11　遅延回路

　図 12.11 はバンドパスフィルタを使った遅延回路の例である。フィルタの伝達関数はつぎのようになる。

$$G = \frac{R}{1/j\omega C + j\omega L + R}$$
$$= \frac{1}{1 - j\dfrac{1 - \omega^2/\omega_0^2}{\omega/\omega_0 Q}} \quad \cdots(12.11)$$

　したがって、ゲインは (12.12) 式で表すことができる。図 12.12 はゲインの周波数特性である。

第12章 変復調回路

$$|G|^2 = \cfrac{1}{1+\cfrac{(1-\omega^2/\omega_0^2)^2}{\omega^2/\omega_0^2 Q^2}} \quad\cdots(12.12)$$

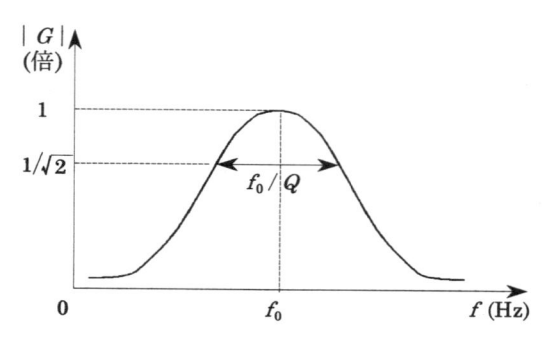

図 12.12　ゲイン

位相は(12.12)式で表すことができ、**遅延時間**は$\angle G$をωで微分して(12.14)式のように求められる。

$$\angle G = \tan^{-1}\frac{1-\omega^2/\omega_0^2}{\omega/\omega_0 Q} \quad\cdots(12.13)$$

$$D = \frac{d\angle G}{d\omega} = -\frac{1}{\omega_0}\frac{1+\omega^2/\omega_0^2}{\omega^2/\omega_0^2 Q^2+(1-\omega^2/\omega_0^2)^2} \quad\cdots(12.14)$$

したがって、位相と遅延時間の周波数特性は図 12.13 のようになる。

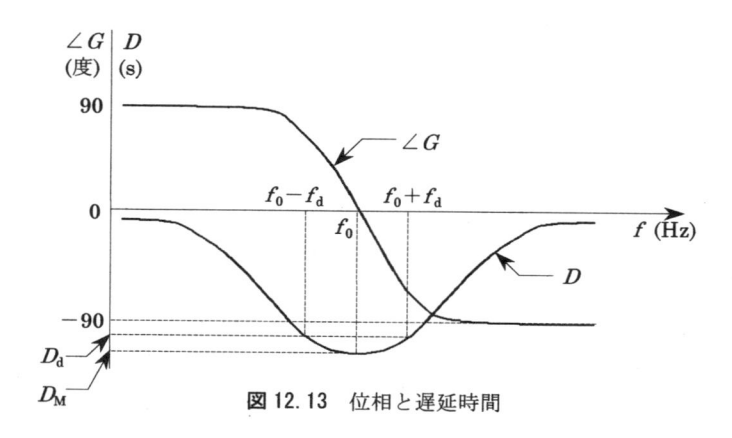

図 12.13　位相と遅延時間

第 12 章 変復調回路

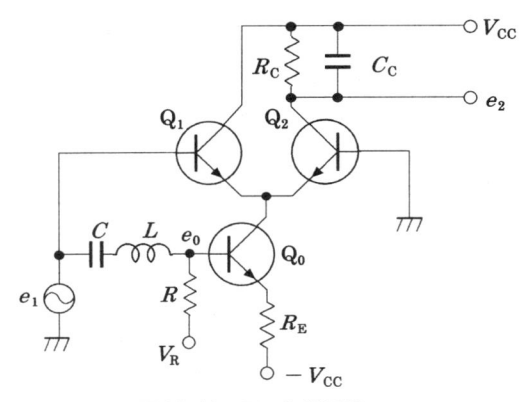

図 12.14 FM 復調回路

FM 復調のブロック図に、図 12.11 の遅延回路と図 12.4 の乗算回路をあてはめて、図 12.14 に FM 復調回路を示した。

いま信号 $e_1 = E\cos\omega t$ を入力すると、遅延回路の入力信号と出力信号が乗算されて、乗算回路の出力には（12.15）式に比例した信号を得ることができる。

分子の第 1 項は搬送波周波数の 2 倍の周波数成分である。これを第 2 **高調波** と呼ぶ。第 2 高調波はキャパシタ C_C で除去される。分子の第 2 項の周波数特性はコサイン状の S カーブになることを示している。そして、ωD は搬送波周波数付近で 90 度になるから、周波数に比例した FM 復調出力を得ることができる。

$$e_1 e_0 = E^2 \cos\omega t \cos\omega(t-D)$$
$$= E^2 \frac{\cos\omega(2t-D) + \cos\omega D}{2} \qquad \cdots(12.15)$$

12.4 放送における変調の知識

12.4.1 変調はなぜ必要か

映像、音声やデータ放送の役割のひとつには、なるべく広範囲の視聴者に、これらの情報を伝達することがある。情報自体の持つ周波数成分は、最低で 20 ～30Hz の周波数が含まれ、とくに映像の場合、最高 4.2MHz にも達する。こ

のような比較的に低く、かつ広帯域の周波数成分を持つベースバンドの信号を、変調なしに能率よく送信アンテナから遠方に届くように放射することは不可能に等しい。

したがって、変調とは情報の周波数成分を高い周波数の搬送波に乗せかえ、情報を含む高周波をアンテナから効率よくふく射し、情報を遠方にも伝達できるようにする手段がとられる。情報を搬送波に乗せるのには、いくつかの方法があり、アナログ情報の変調によく用いられるのが、前節までに述べた AM 変調や FM 変調である。

情報がディジタル化されている場合の変調方式は、アナログのケースとは少し異なり、**12.5** 節で解説する PSK (Phase Shift Keying) や QAM (Quadrature Amplitude Modulation) などが用いられる。しかし、これらの基本はそれぞれ古典的な FM 変調や AM 変調の概念から出発したものであり、AM 変調や FM 変調を知っておくことは無駄ではない。

アンテナから放射する必要がない有線通信の場合には、一見、変調は不必要に思える。しかし、いくつかの情報を多重して送信したり、情報の全周波数範囲を平坦に受信可能なように送信するためには、やはり、目的に合わせた変調手段が欠かせないものである。

12.4.2　以前から放送で用いられてきた AM 変調

変調方式の中で最もシンプルなのは、ラジオ放送の開始以来、用いられてきた AM 変調である。AM 変調は後に始まったアナログテレビ放送の中でも、映像の変調方式として採用されてきた。AM 変調は、情報の信号レベルの大小を搬送波の振幅の大小に移し替えた変調方式である。厳密には、情報と搬送波とをある比率で掛け算し、搬送波に加算することにより、変調波が得られる。

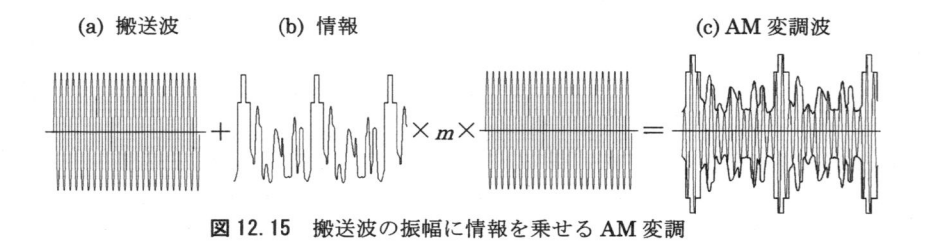

図 12.15　搬送波の振幅に情報を乗せる AM 変調

第12章 変復調回路

この比率が（12.4）式の**変調率**である。変調率は通常、1 以下にして過変調により、情報の一部分が欠落しないようにする。

AM 変調を数式の上で解析する。搬送波の角周波数を ω_c とし、その振幅は正規化して 1 とする。情報は単純に正弦波として扱い、その角周波数を ω_s、その振幅は搬送波を基準にして $m(m \leq 1)$ とする。（12.3）式の変調波の時間波形 e_m を規格化して書き改めた $e(t)$ は、

$$e(t) = (1 + m\cos\omega_s t)\cos\omega_c t = \cos\omega_c t + m\cdot\cos\omega_s t\cdot\cos\omega_c t$$

であり、さらに2項目を分解すれば、

$$e(t) = \cos\omega_c t + \frac{m}{2}\cos(\omega_c+\omega_s)t + \frac{m}{2}\cos(\omega_c-\omega_s)t \quad \cdots(12.16)$$

　　　　　↑　　　　　　↑　　　　　　　　　↑
　　　　搬送波　　　側帯波(上側)　　　　下側帯波(下側)

のようになる。（12.16）式右辺の第1項は搬送波そのものを示しているが、第2項および第3項は AM 変調により、搬送波角周波数 ω_c から情報の角周波数 ω_s だけ上下に離れて発生した側帯波成分を表している。（12.16）式を図にしたものが図 12.16 である。

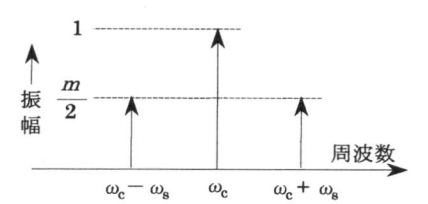

図 12.16 AM 変調の周波数スペクトラム

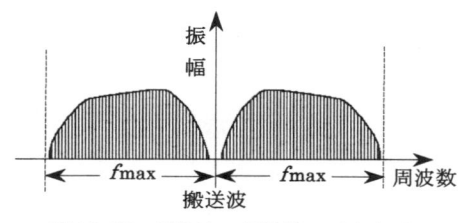

図 12.17 側帯波の周波数スペクトラム

実際の情報では、情報の持つ周波数成分は、前述のように単一周波数ではなく、広範囲の成分を含んでいる。情報の最高周波数成分を $f\mathrm{max}$ とすれば、AM

変調波の周波数の広がりは、搬送波周波数を中心に f_{max} の 2 倍の周波数帯域幅になるので、復調回路やその前段の回路はすべてこの帯域幅を確保しておく必要がある。

AM ラジオ放送の場合、必要とされる帯域幅は約 15kHz である。アナログテレビ放送では、両側帯波を通すには約 10MHz が要求されるが、これでは電波資源が不足するので、片側の側帯波の一部をカットした残留側帯波方式にして、1 チャンネルの占有幅を 6MHz に納めている。

12.4.3 FM 放送

高品質の情報の伝送が可能なことを活かして、アナログ方式の音楽放送などに利用したものが FM 放送である。FM 放送は可聴周波数のほぼ全域を伝送することが可能である。FM 放送では、その最大周波数偏移は 75kHz に選ばれているので、かなり広いダイナミックレンジが得られている。

アナログテレビ放送の音声変調方式にも、映像搬送波周波数より 4.5MHz 高い周波数を中心周波数にした、最大周波数偏移 25KHz の FM 変調が使われている。

FM 変調波の側帯波は、AM 変調の場合は $\omega_c \pm \omega_s$ の範囲の角周波数であったのに加えて、$\omega_c \pm 2\omega_s$、$\omega_c \pm 3\omega_s$、…、と広い周波数範囲に存在する。しかし、高次の側帯波のエネルギーはさほど大きくないので、受信側では最大周波数偏移 f_d の 2 倍か、最高信号周波数 ω_s の 2 倍のいずれか大きいほうの周波数帯域を確保しておけば実用上差し支えない。

12.5 ディジタル変調の知識

変調の方法に搬送波の振幅を変える方法と、周波数を変える方法を学んだ。変調にはもうひとつ位相を変える方法がある。変調器への入力の "0"、"1" に応じて搬送波の位相を 0 度と 180 度に反転する方法で、ディジタル信号の伝送に便利である。この変調方式が BPSK (Binary Phase Sift Keying) である。

そして BPSK の情報伝送量を 2 倍にしたものが**直交位相変調**（QPSK：Quadrature Phase Shift Keying）である。90 度ずつ離れた 4 つの位相を使う。さらに振幅の大小に "0"、"1" を割り付けると、情報伝送量はもう 2 倍にな

る。90 度位相が離れた搬送波に別の信号を AM 変調することは直交変調といわれ、映像信号における色信号の変調に使われている。ディジタル信号の変調に用いた場合、これはとくに **QAM**（Quadrature Amplitude Modulation）と呼ばれる。この節では各種ディジタル変調の基本となっている **QPSK** を紹介する。

12.5.1 QPSK の変調

QPSK 変調は、衛星通信や CS ディジタル放送に使われている。図 12.18 は QPSK を説明した図である。

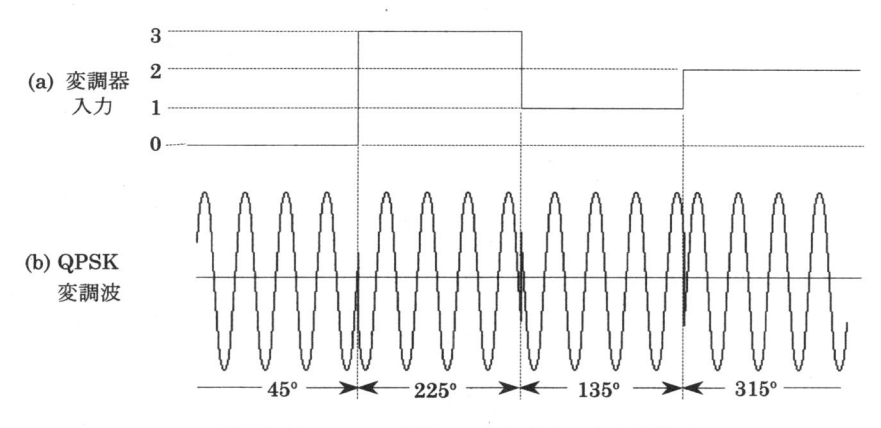

図 12.18 QPSK 変調の入力と対応した変調波形

QPSK は同時に、変調器への入力として 0 から 3 までの 4 値（$=2^2$）を受け入れることができる。このことを 1 シンボルは 2 ビットであるとも表現できる。

QPSK の変調波は、2 つの直交した搬送波（45 度および 135 度）を、前述した BPSK 変調したものとも考えられが、結果として、"0"、"1"、"3" および "2" を送信したいとき、搬送波の位相を 45 度、135 度、225 度および 315 度ずらせて送信すればよいので、これらの位相は、図 12.19 のように直交した 2 つの軸、I 軸と Q 軸にそった位相を持つ波、すなわちサイン波とコサイン波を、等振幅で同相または逆相で合成することにより、簡単につくり出すことができる。

それぞれの数値を表す搬送波の位相角を円周上にプロットした図からは、星

座が連想されるため、**コンスタレーション表示**といわれている。

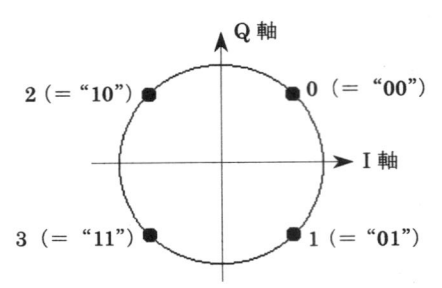

図 12.19　QPSK のコンスタレーション表示

12.5.2　QPSK 変復調の実際

上記の QPSK の変調は、つぎのようにして行うことができる。すなわち "0" を送信するには、変調波の時間波形 $e_0(t)$ を、サイン波とコサイン波の和とし、"1"、"2" と "3" の場合も、それぞれ 2 波の和をとることで変調波になる時間波形をつくり出すことができる。

$$e_{"0"}(t) = \sin(2\pi ft) + \cos(2\pi ft) = \sqrt{2}\cos[2\pi ft + 45°]$$

$$e_{"1"}(t) = \sin(2\pi ft) - \cos(2\pi ft) = \sqrt{2}\cos[2\pi ft + 135°]$$

$$e_{"2"}(t) = -\sin(2\pi ft) - \cos(2\pi ft) = \sqrt{2}\cos[2\pi ft - 135°]$$

$$e_{"3"}(t) = -\sin(2\pi ft) + \cos(2\pi ft) = \sqrt{2}\cos[2\pi ft - 45°] \quad \cdots(12.17)$$

そして、これらの波形は、図 12.20 のように、入力の数値に応じてサインや

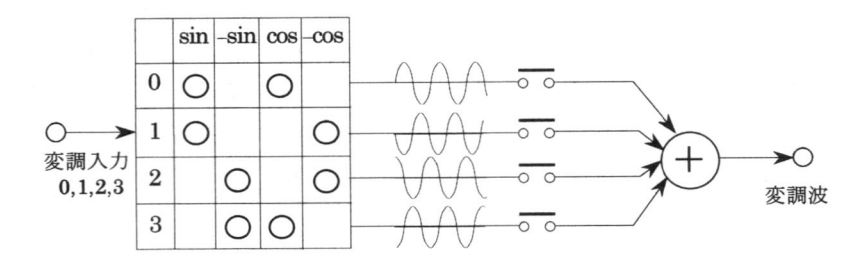

図 12.20　変調の原理

第 12 章　変復調回路

コサインの極性を切り替える、比較的に簡単な構成で実現することができる。

一方、復調は変調の逆の動作を行うことで実現できる。その原理を図 12.21 に示した。

まず変調波から搬送波を抽出する。これにより各波が振幅最大となる位相でスイッチを閉じると、搬送波の組み合わせがわかる。これをマトリックス回路に入力すると"0"、"1"、"2"、"3"に復号することができる。

なおこの節で、数値と位相角と順番が整然と並んでいないのは、受信時の数値誤りを軽減する目的で、隣り合う部分の"0"と"1"を 2 つ反転しないと同じにならない**グレイ符号**（Gray code）を用いたためである。

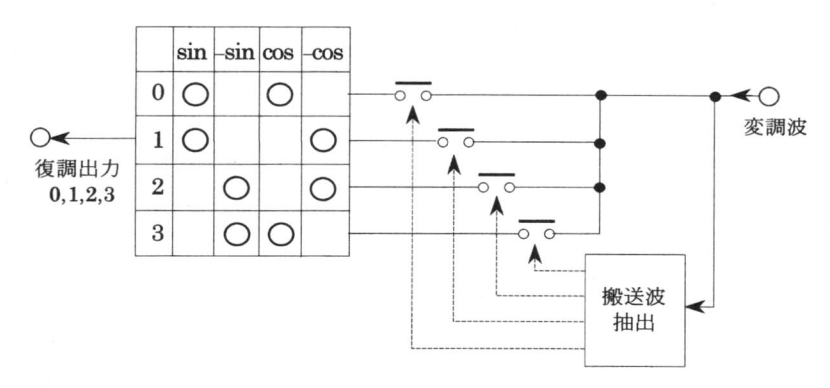

	sin	-sin	cos	-cos
0	○		○	
1	○			○
2		○		○
3		○	○	

図 12.21　復調の原理

第13章

論理回路

論理ゲートは大振幅のアナログ回路である。その基本となるのが TTL (Transistor Transistor Logic) で、パソコンとモニタを結ぶ RGB コネクタの同期信号などは TTL レベルでインターフェースをとっている。すなわち、論理ゲートのアナログ的なはたらきを知って情報機器のインターフェースをとる必要があるので、この章では論理回路について学ぶ。

13.1 TTL 論理ゲート回路

13.1.1 TTL 論理ゲート回路の構成

コンピュータをはたらかせるのには、もちろん、ソフトウエアが必要であるが、そのソフトウエアが走るのは、あくまでも、ハードウエアの上である。コンピュータのハードウエア中でも、メモリーやフリップフロップなども重要であるが、種々の論理演算を行う論理ゲート回路も基本として大切な構成要素である。

表 13.1 NAND ゲートの真理表

入力1	入力2	出力
0	0	1
0	1	1
1	0	1
1	1	0

TTL の場合
"1" は最小 2.5〜2.7V
"0" は最大 0.4〜0.5V

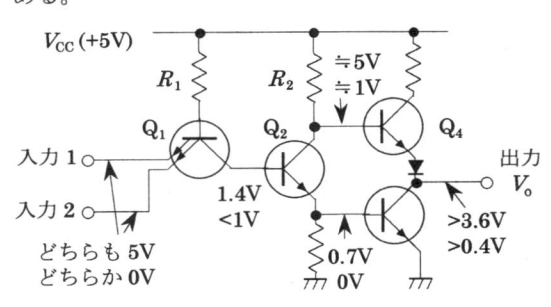

図 13.1 TTL NAND ゲートの回路図

論理ゲート回路は"0"と"1"の動作に特化されたアナログ回路であり、一例として、図 13.1 に 2 入力の NAND（NOT AND：AND の反転出力）ゲートを示した。図は、TTL と呼ばれるトランジスタを多用したゲート回路であり、表 13.1 の真理表の論理を実現したものである。図は端子保護ダイオードを省くなど簡略化している。図 13.1 中に示した電圧は、上段が入力 1、2 とも "1" のハイレベルのとき、下段は入力 1、2 のいずれかが "0" のローレベルであるときを示している。

13.1.2　TTL の動作

図 13.1 の電源電流 I_{CC} と出力電圧 V_o を求める。ただし、ベース・エミッタ間およびダイオードの順電圧を V_{BE} とし、コレクタ・エミッタ間の飽和電圧は無視する。

入力 1 と入力 2 がともに V_{CC} のときは、R_1 を通る電流が、Q_1、Q_2、Q_3 を通して流れ、R_2 を通る電流が、Q_2、Q_3 を通して流れるので、I_{CC} はつぎのようになる。

$$I_{CC} = \frac{V_{CC} - 3V_{BE}}{R_1} + \frac{V_{CC} - V_{BE}}{R_2} \quad \cdots (13.1)$$

また、Q_3 が飽和するので出力電圧 V_o は 0 である。

入力 1 と入力 2 がともに 0 のときは、電流が R_1 と Q_1 のベース・エミッタ間を通して流れるので、I_{CC} はつぎのようになる。

$$I_{CC} = \frac{V_{CC} - V_{BE}}{R_1} \quad \cdots (13.2)$$

また、出力電圧 V_o は、V_{CC} から Q_4 のベース・エミッタ間電圧とダイオードの電圧が低下するので、つぎのようになる。

$$V_o = V_{CC} - 2V_{BE} \quad \cdots (13.3)$$

13.1.3　TTL の計算

(1)　図 13.1 で入力 1 と入力 2 がともに V_{CC} のときの電源電流を求めよ。ただし、$V_{CC} = 5\,\mathrm{V}$、$R_1 = 4\,\mathrm{k\Omega}$、$R_2 = 1.6\,\mathrm{k\Omega}$、$V_{BE} = 0.7\,\mathrm{V}$ であり、出力電圧は 0V とする。

　　　文字式　$I_{CC} = (V_{CC} - 3V_{BE})/R_1 + (V_{CC} - V_{BE})/R_2$

第13章 論理回路

　　　計算式　$(5-3\times 0.7)/4k+(5-0.7)/1.6k = 3.41$ m
　　　結果　　3.41 mA

(2) 図 13.1 で入力 1 と入力 2 がともに 0 のときの電源電流を求めよ。ただし、$V_{CC} = 5$ V、$R_1 = 4$ kΩ、$R_2 = 1.6$ kΩ、$V_0 = 0.7$ V とする。

　　　文字式　$I_{CC} = (V_{CC} - V_{BE})/R_1$
　　　計算式　$(5-0.7)/4k = 4.3/5k = 1.08$ m
　　　結果　　1.08 mA

(3) 上記で出力電圧を求めよ。

　　　文字式　$V_o = V_{CC} - 2V_{BE}$
　　　計算式　$5 - 2\times 0.7 = 3.6$
　　　結果　　3.6 V

13.2　CMOS 論理ゲート回路

13.2.1　CMOS 論理ゲート回路の構成

　論理ゲート回路は CMOS を用いて構成すると、わずかな電力消費で、かつ高集積化されたものにすることができる。

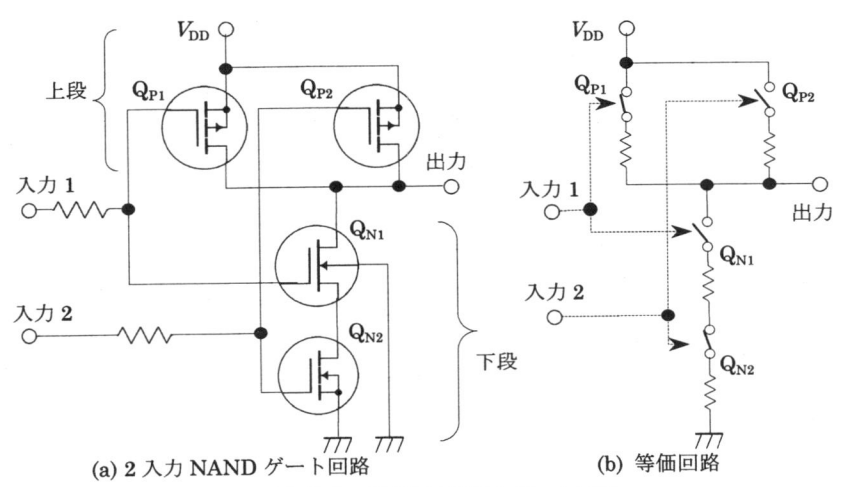

図 13.2　CMOS NAND ゲート回路
(a) 2 入力 NAND ゲート回路　　(b) 等価回路

図 13.2(a)は、例として 2 入力 NAND ゲート回路の場合を示している。図の回路の上段部分は Q_{P1} および Q_{P2} の p チャネル MOS FET（以下 pMOS と略する）2 個の並列回路で、下段は Q_{N1} と Q_{N2} の n チャネル MOS FET（以下 nMOS）2 個の直列回路で構成されており、ゲート出力は上層と下層の中間から取り出す。図 13.2(b)は簡単のため、MOS FET をリレーに置き換えた等価回路であり、入力 1 が "0"、入力 2 が "1" のときを図示している。

表 13.2 に示したように、入力 1 に接続されている上段の Q_{P1} と下段の Q_{N1} は、その相補性のため同時にオンになることはなく、そのいずれかが必ずオフである。入力 2 に連なっている Q_{P2} と Q_{N2} についても全く同様である。また、入力 1 と入力 2 がともに "0" のときは、上段の Q_{P1} および Q_{P2} がともにオフであり、入力 1、入力 2 が同時に "1" のときには、下段の Q_{N1} と Q_{N2} が同時にオフしている。

表 13.2　CMOS NAND ゲートの真理表

入力 1	入力 2	上段部分		下段部分		出力
		Q_{P1}	Q_{P2}	Q_{N1}	Q_{N2}	
0	0	ON	ON	OFF	OFF	1
0	1	ON	OFF	OFF	OFF	1
1	0	OFF	ON	ON	ON	1
1	1	OFF	OFF	ON	ON	0

このように図 13.2 の回路では、すべての場合において上段から下段に電流が突き抜けて流れるケースはないので、余分の電力を消費することがない。また、ゲート電流も絶縁ゲートであるためにごく微量であり、さらに出力に接続されるのも他のゲート回路であることを考慮すれば、電力が消費されるのは、わずかにオフ時に流れるリーク電流とオン、オフの遷移時に流れる電流のみであり、極めて少ない消費電力のゲート回路に仕立てることができる。

CMOS による論理ゲート回路は、その入力インピーダンスは高く、出力インピーダンスは十分に低くすることができ、これらは、理想的な論理ゲート回路の要件を充たしている。欠点としては、静電気による誤動作や破壊に対して弱いことであり、IC 内部で過電圧防止ダイオードを挿入するなど対策は取られているものの（図 13.2 では省略）、使用時にあたっては注意が肝要である。

なお，図 13.2 において，上段から Q_{P2} を取り除き，下段からは Q_{N2} を除去しこの部分を短絡したものはインバータ (NOT) 回路である (図 13.3)。また，上段の pMOS を 2 個直列接続にし，下段の nMOS の 2 個を並列接続に換えれば，2 入力 NOR 回路が構成できる (図 13.4)。上段の並列部に Q_{P3} を追加し，下段の直列部に Q_{P3} を追加すれば 3 入力 NAND ゲート回路になる。

図 13.4 の NOR ゲート回路の真理表を表 13.3 に示す。

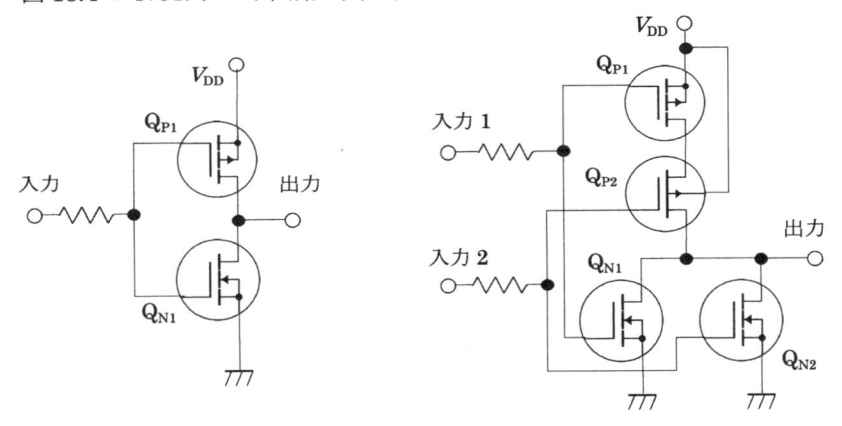

図 13.3 CMOS NOT ゲート回路

図 13.4 CMOS NOR ゲート回路

表 13.3 CMOS NOR ゲートの真理表

入力 1	入力 2	上段部分		下段部分		出力
		Q_{P1}	Q_{P2}	Q_{N1}	Q_{N2}	
0	0	ON	ON	OFF	OFF	1
0	1	ON	OFF	OFF	ON	0
1	0	OFF	ON	ON	OFF	0
1	1	OFF	OFF	ON	ON	0

13.2.2 CMOS 伝送ゲート回路

nMOS と pMOS をそれぞれ 1 個ずつ並列に接続した，図 13.5 の簡単な双方向スイッチ回路について説明を行う。

この回路の動作は，図 13.5 の nMOS のゲートに "1" を，pMOS のゲートに "0" を制御端子 C と $\overline{C}$ ($\overline{C}$ は C の反転を表す) から加えたとき，この回路の "左" 端子と "右" 端子間が導通する。

C	$\overline{C}$	Q_N	Q_P	左右端子間
1	0	ON	ON	ON
0	1	OFF	OFF	OFF

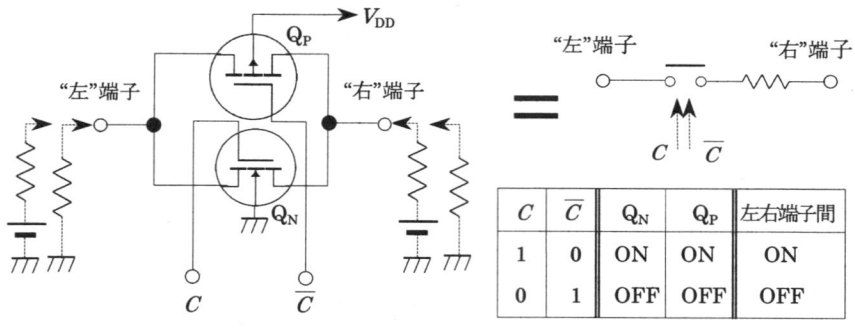

図 13.5　CMOS 伝送ゲート回路

　これとは逆の制御を加えた場合には"左""右"端子間は遮断される。この機能は、Q_N または Q_P のいずれか 1 個だけを用いたスイッチでも実現できそうに見える。しかしたとえば、"左"端子の入力電圧が、"1"の電圧からスレッショルド電圧を差引いたレベルより高い場合には、いくら nMOS の C 端子に"1"を印加しても、nMOS の導通を保つことは困難になる。

　そこで、ゲートを"0"で駆動した pMOS を並列に接続してしておくと、こ

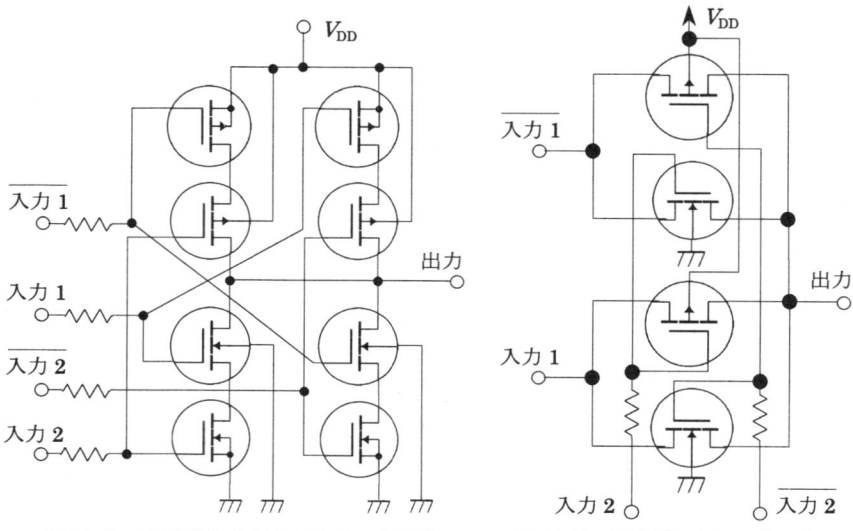

図 13.6　CMOS による XOR ゲート回路

図 13.7　伝送ゲート回路を 2 組用いた XOR ゲート回路

第 13 章 論理回路

の pMOS に導通を受け持たせることができる。逆に"右"端子が"1"に近い電圧の際には、nMOS が導通を担うことになる。

通常の CMOS 論理ゲート回路が、高インピーダンスのゲートを入力とし、出力が低インピーダンスのドレインやソースから取り出されるのに対して、この回路は、必ずしもゲートを入力端子には使っていないため、通常の CMOS 論理ゲート回路とは区別して伝送ゲート回路と称される。トランスミッション・ゲート (transmission gate) あるいはトランスファ・ゲート (transfer gate) とも呼ばれ、簡単に T ゲート回路と略されることもある。

伝送ゲート回路は、アナログ回路中で信号のスイッチとしても使用可能であるが、論理ゲート回路中で用いた場合、より小さな回路規模で合理的に論理機能を充足することがある。たとえば図 13.6 の回路は、CMOS によるエキスクルーシブ OR (XOR : eXclusive OR) 論理ゲート回路であり、表 13.4 の真理表を具現化した回路である。これと同じ機能は、図 13.7 の伝送ゲート回路を 2 組用いた回路でも実現することができる。図 13.7 の回路は、リレーを用いた等価回路で表せば図 13.8 のようになる。図 13.6 と図 13.7 とを比較すれば、トランジスタ 8 個に対して半分の 4 個しか使用していないことがわかる。

表 13.4 CMOS XOR ゲートの真理表

入力 1	$\overline{入力1}$	入力 2	$\overline{入力2}$	出力
0	1	0	1	0
0	1	1	0	1
1	0	0	1	1
1	0	1	0	0

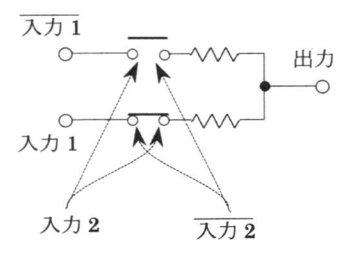

図 13.8 伝送ゲート回路による XOR 論理ゲート回路

伝送ゲート回路を用いた論理ゲート回路はパストランジスタ・ロジック（PTL：Pass Transistor Logic）とも呼ばれることがある。

13.2.3 CMOS 論理ゲートの計算

(1) 図 13.3 で CMOS NOT ゲート回路の入力を 5 V としたとき、出力を 0.5 V 以下にするためには、Q_{N1} のドレイン電流 I_{DN1} はいくら流すことができるか。ただし、$V_{DD} = 5$ V、$V_T = 1$ V、$\beta = 1.2$ mA/V^2 とする。

文字式　$I_{DN1} = I_0 - \beta(V_e - V_{DS})^2/2$
　　　　　　　$= \beta V_e^2/2 - \beta(V_e - V_{DS})^2/2$
　　　　　　　$= \beta V_{DS}(V_e - V_{DS}/2)$
　　　　　　　$= \beta V_{DS}(V_{GS} - V_T - V_{DS}/2)$

計算式　1.2 m $\times 0.5(5 - 1 - 0.5/2) = 2.25$ m

結果　　2.25 mA 以下

説明　　線形領域の電流を、(7.5) 式で計算する。

13.3　論理ゲートの知識

13.3.1　論理ゲートの種類と記号

回路図上で論理回路を表現する場合、記号を定めておくと都合がよい。

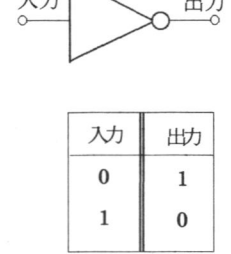

入力	出力
0	1
1	0

(a) NOT 記号と真理表

入力1	入力2	出力
0	0	0
0	1	0
1	0	0
1	1	1

(b) AND 記号と真理表

入力1	入力2	出力
0	0	0
0	1	1
1	0	1
1	1	1

(c) OR 記号と真理表

図 13.9　論理ゲート回路の記号と真理表(1)

第13章 論理回路　　　　　　　　　　　　　　　　　　　　　　　　　　　　　177

論理ゲート回路の記号として、現在、標準的に用いられているのは米国陸軍が規格化した MIL 記号（MIL-STD-806：Graphical symbols for logic diagrams）である。図 13.9 と図 13.10 に分けて、これらの記号と真理表を記してある。

入力1	入力2	出力
0	0	1
0	1	1
1	0	1
1	1	0

(d) NAND 記号と真理表

入力1	入力2	出力
0	0	1
0	1	0
1	0	0
1	1	0

(e) NOR 記号と真理表

入力1	入力2	出力
0	0	0
0	1	1
1	0	1
1	1	0

(f) XOR 記号と真理表

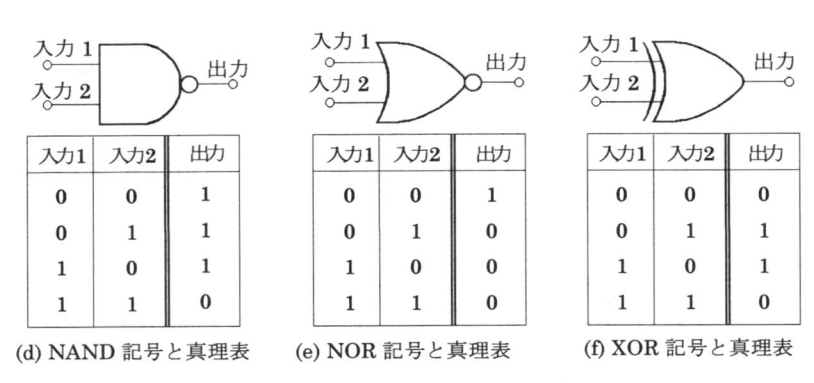

図 13.10　論理ゲート回路の記号と真理表(2)

13.3.2　フリップフロップ回路の基本

双安定回路（フリップフロップ：flip-flop）は、無安定回路（マルチバイブレータ：multi-vibrator）とともに、以前から分周器などに用いられていたが、近年では、コンピュータのメモリー回路になくてはならない存在になっている。

フリップフロップの動作の理解を容易にするために、図 13.11 に原理的なトランジスタ回路によるフリップフロップの一例を掲げた。図の回路で、トランジスタ Q_{10} および Q_{20} が短絡されているときは、フリップフロップの原理的な回路であり、点線で示した径路からキャパシタを介して、プラスのパルスであるトリガー入力が入力されると、Q_1 または Q_2 のいずれか一方がオンになる。仮に Q_1 が導通する方向であるとすれば、Q_1 のコレクタ電圧は低下し、これは Q_2 のベースバイアス電圧を低下することにつながり、Q_2 は遮断へと向かう。Q_2 がオフになれば、Q_2 のコレクタ電圧は上昇し、これは Q_1 のベースバイアス電圧を上昇させるので、Q_1 はますますオンへと向かう。このようにして、Q_1 がオン、Q_2 がオフの状態はつぎのトリガーパルスが入力されるまで不変である。

つぎのトリガーパルスが印加されると、それまでオフであった Q_2 に、トリガーパルスによるプラスのベースバイアスが加わるため、Q_2 は導通し始め、こ

の変化は前述とは逆方向の正帰還により助長されて、Q_1 はオフ、Q_2 はオンになり、この状態はつぎのトリガーパルスまで変わらない。

図 13.11 フリップフロップ回路例

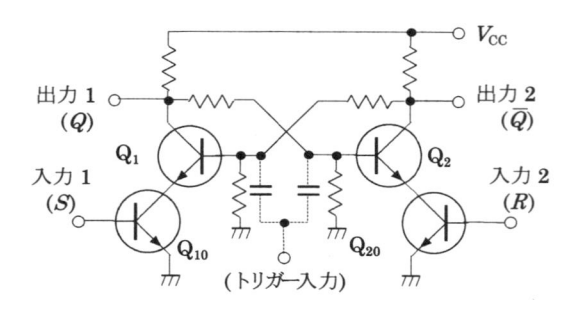

表 13.5 例の回路の真理表

入力1	入力2	出力1	出力2
0	0	禁 止	
0	1	1	0
1	0	0	1
1	1	状態不変	

このように、トリガーパルスが加わるたびに、Q_1 および Q_2 のオン、オフは、シーソーのように反転し、トリガーパルスが偶数回加わるごとに同一状態をくり返すので、バタバタの意味であるフリップフロップの名前が付けられている。

つぎに、図 13.11 の回路で入力を Q_{10} および Q_{20} を介して静的に行う場合を考える。入力1にローレベルの "0" が、入力2にハイレベルの "1" が印加されたとき、Q_{10}、Q_1 は遮断され、Q_{20}、Q_2 は導通するので、出力1はハイレベルの "1" が出力される。入力1と2の入力が逆の場合は、出力1には "0" が出力される。

さて、上記のいずれかの状態にあるとき、入力1、2の双方に "1" が加えられたとしても、上記の状態を覆すことはできないので、出力の "0" または "1" の状態は、そのまま保持されることになる。これは、この例のようなフリップフロップがメモリーとして使えることを示唆している。入力1と2のいずれもに "0" が入力されるケースでは、すべてのトランジスタがオフされるため、出力1、2の双方ともが "1" になるが、このような入力はしないように禁止されている。

図の回路の入力1を S (Set) 入力、入力2を R (Reset) 入力、出力1を Q 出力、出力2を $\overline{Q}$ 出力（$\overline{Q}$ は Q を反転した出力）に読み替えたものは R-S フリップフロップと呼ばれるものである。実用に供されている R-S フリップフロ

ップは、図 13.12 のように、NAND ゲートまたは NOR ゲートを 2 組カスケードに接続したものである。この両者では、真理表が異なるので注意を要する。

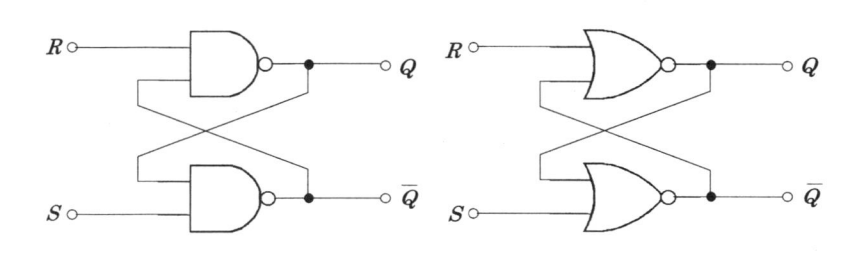

S	R	Q_{n+1}	$\overline{Q}_{n+1}$
0	0	禁止	
0	1	1	0
1	0	0	1
1	1	Q_n	

(a) NAND ゲートを用いた R-S フリップフロップと真理表

S	R	Q_{n+1}	$\overline{Q}_{n+1}$
0	0	Q_n	
0	1	0	1
1	0	1	0
1	1	禁止	

(b) NOR ゲートを用いた R-S フリップフロップと真理表

図 13.12 実用に供されている R-S フリップフロップ

図 13.12 (a) の R-S フリップフロップのタイミングチャートを図 13.13 に示す。

図 13.13 R-S フリップフロップのタイミングチャート

13.3.3 フリップフロップの種類と記号

フリップフロップには用途に応じて、いくつかの品種が開発されている。R-S

フリップフロップでは入力に禁止条件があったが、これを解消すると同時に、1ビット前の反転出力も出すようにしたものが J-K フリップフロップである。この記号と真理表を図 13.14 と表 13.6 に示す。

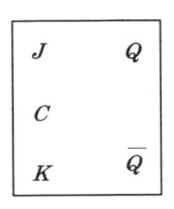

表 13.6　J-K フリップフロップの真理表

J	K	Q_{n+1}
0	0	Q_n
0	1	0
1	0	1
1	1	$\overline{Q_n}$

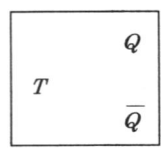

図 13.14　J-K フリップフロップの記号

D フリップフロップは D 入力の情報を 1 ビット遅らせて出力するようにしたもので、別名を D ラッチとも呼ぶ。D フリップフロップの記号と真理表は図 13.15 と表 13.7 に示すようなものである。

表 13.7　D フリップフロップの真理表

D	Q_{n+1}
0	0
1	1

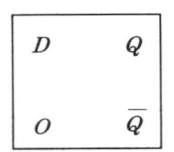

図 13.15　D フリップフロップの記号

T フリップフロップは、前項の最初に説明したように、ひとつのトリガー入力（T 入力）を持ち、T 入力の立ち上がりのタイミングで出力を反転する分周機能を持つフリップフロップである。T フリップフロップの記号と真理表を図 13.16 と表 13.8 に記す。

表 13.8　T フリップフロップの真理表

T_n	T_{n+1}
Q_n	Q_{n+1}

図 13.16　T フリップフロップの記号

第14章
AD 変換 DA 変換

　映像や音声をディジタル回路や**ソフトウェア**で処理するには、アナログ信号をAD変換によってディジタル信号に変換する必要がある。また、処理された結果を映像や音声で確認するには、ディジタル信号をDA変換によってアナログ信号に変換する必要がある。このようにディジタル信号処理をするには、基本となるAD変換とDA変換のアナログ的なはたらきを知って、情報機器のインターフェースをとる必要がある。

14.1　AD 変換

14.1.1　AD 変換の方法
　信号をAD変換するには、**サンプリング**と**量子化**および**符号化**の処理が必要になる。図14.1にモデルとなるブロック図を示した。

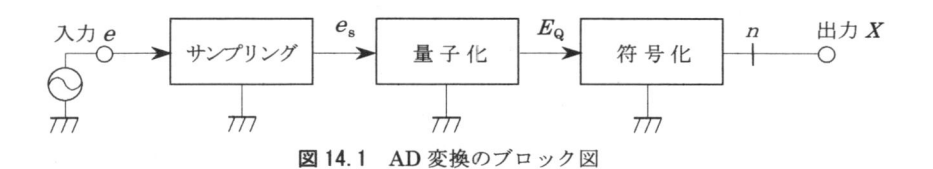

図 14.1　AD 変換のブロック図

　入力信号 e を階段状の信号 e_s に変換するのがサンプリングである。つぎに信号 e_s の端数を切り捨て 2^n 段階の信号 E_Q に変換するのが量子化で、信号 E_Q を n ビットの2進数に変換するのが符号化である。図14.2には2ビットの場合を例にあげ、AD変換の動作と波形を示している。

第14章 AD変換 DA変換

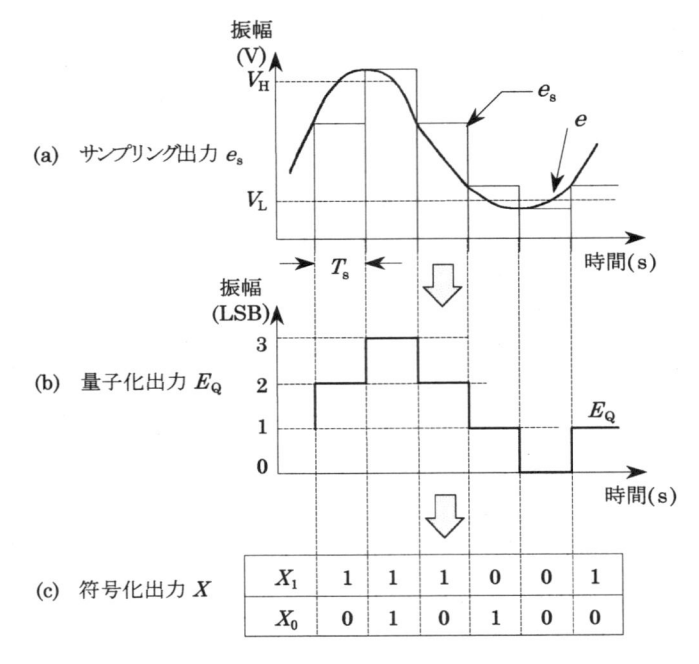

図14.2　2ビットAD変換の処理

(a) サンプリング出力 e_s

(b) 量子化出力 E_Q

(c) 符号化出力 X

X_1	1	1	1	0	0	1
X_0	0	1	0	1	0	0

　サンプリングではサンプリング周期 T_s ごとに入力信号を保持する。これをサンプルホールドという。その結果アナログの階段状電圧 e_s を得る。1周期の正弦波信号における最大値と最小値をサンプリングすることができれば、信号が持つ振幅と周波数の情報は階段状電圧 e_s に保持される。このとき信号の最小周期はサンプリング周期 T_s の2倍である。周波数は $f_s/2$ でありこれをナイキスト周波数 f_N という。信号周波数がナイキスト周波数より高くなると、サンプリングが粗くなって、信号が持つ振幅と周波数の情報はサンプリングによって失われる。図14.2では、サンプリング周期 T_s が $100\,\mu\mathrm{s}$、信号の周波数が $1.6\,\mathrm{kHz}$ とすると、ナイキスト周波数は $5\,\mathrm{kHz}$ となり信号が持つ振幅と周波数の情報は保持される。

　つぎに量子化について考える。量子化は階段状電圧 e_s を V_L から V_H までの 2^n 段階に分けることになる。1段階の幅を分解能 v_r といい、つぎの関係を満たす。

第 14 章　AD 変換 DA 変換

$$V_H - V_L = v_r(2^n - 1) \qquad \cdots(14.1)$$

図 14.2 では、V_L は 1 V、V_H は 4 V、n は 2 として、信号 E_Q は、1 V 未満、1 V 以上 2 V 未満、2 V 以上 3 V 未満、3 V 以上の 4 段階に量子化されている。

得られた信号 E_Q を 2 進数に符号化すると n 桁の出力 X を得る。X の最上位ビットを MSB、最下位ビットを LSB と呼び、LSB に対応した電圧が分解能 v_r である。図 14.2 の場合、LSB は 1 V である。

14.1.2　並列比較型 AD 変換

n ビットの変換をするためには、$2^n - 1$ 個のオペアンプを用意する。基準電圧 V_H と V_L を抵抗分圧器によって分圧し、これと入力アナログ信号 e を比較して得た信号を、論理回路によって n ビットの 2 進信号に変換する。

図 14.3 は $2^n - 3$ LSB の出力がある状態を示している。

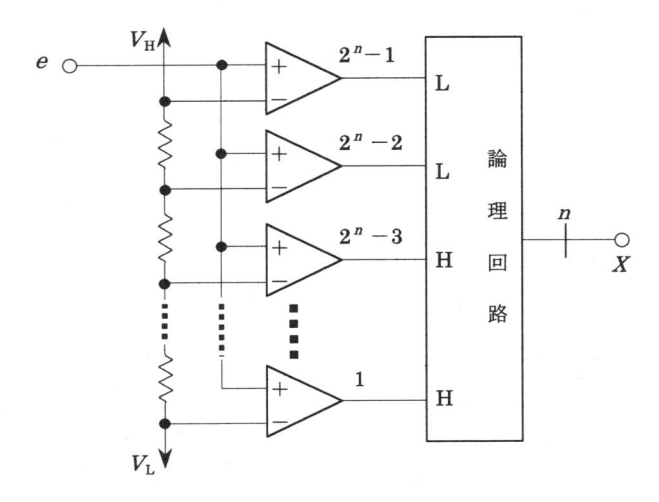

図 14.3　並列比較型 AD 変換

14.1.3　映像の AD 変換

図 14.4 は映像の AD 変換を示している。AD 変換の入力には、オペアンプが $2^n - 1$ 個並列に接続され、容量が数十 pF に達する。そこで出力インピーダンスが低いゲインが 1 の帰還回路を介して映像信号を接続する。

色信号は3.58MHzであるからサンプリング周波数は少なくとも2倍必要で、4倍の14.3MHzおよびnは8ビットとされることが多い。

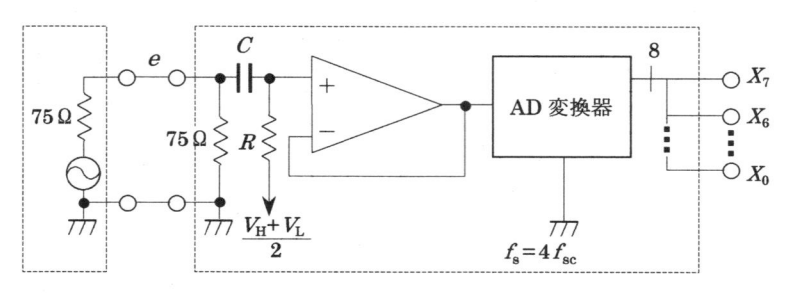

図14.4 映像のAD変換

14.1.4 AD変換の計算

(1) テレビのS端子から得られる輝度信号をAD変換する。サンプリング周波数は13.5MHzとする。ナイキスト周波数はいくらか。

  文字式 $f_N = f_s / 2$

  計算式 13.5 M / 2

  結果 6.75 MHz

  説明 MPEGやスタジオでの映像は13.5MHzのサンプリング周波数が使われる。

(2) 上記でV_Lは0V、V_Hは1Vとし8ビットの場合、分解能を求めよ。

  文字式 $v_r = (V_H - V_L) / (2^n - 1)$

  計算式 $(1 - 0) / (2^8 - 1) = 1/255 = 0.00392$

  結果 3.92 mV

14.2 DA変換

14.2.1 DA変換の方法

 nビットの入力Xに桁の重みを付けて加え、ローパスフィルタを通して滑らかなアナログ信号を得る。

第 14 章 AD 変換 DA 変換

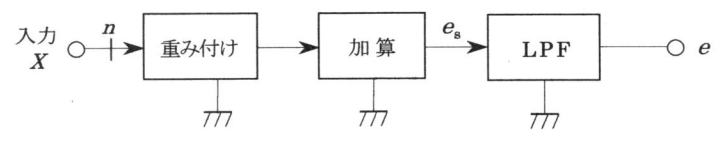

図 14.5 DA 変換のブロック図

2 ビットの例を図 14.6 に示す．図 14.2 と逆の動作をしていることがわかる．

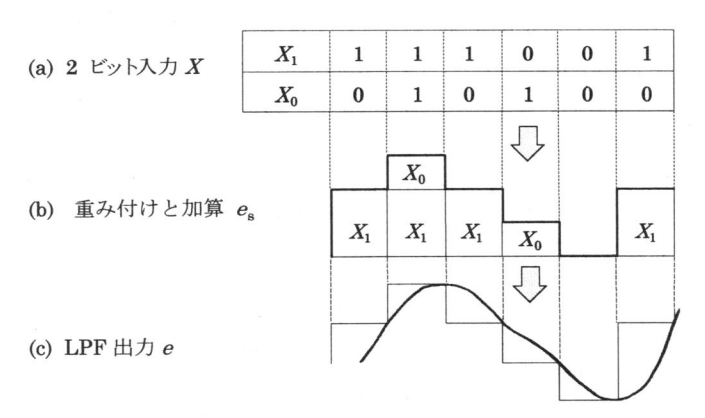

図 14.6 2 ビット DA 変換の処理

14.2.2 電流加算型 DA 変換

n ビットの入力 X に桁の重みを付けてオペアンプを使った反転増幅器に加え，アナログ信号を得る．

X_0 が 1 で他が 0 のとき，オペアンプの動作はつぎのように考えられる．すなわち，入力抵抗が $2^{n-1}R$ で帰還抵抗が r であるから，ゲイン $A_0 = r/2^{n-1}R$ 倍で V が増幅されて出力 e_s となる．他の桁ではそれぞれ重み付けがされているので，一般に出力は以下のように表すことができる．

$$\begin{aligned}e_s &= -VA \\ &= -V(A_0 X_0 + A_1 X_1 + \cdots + A_{n-1} X_{n-1}) \\ &= -VA_0 (X_0 + 2X_1 + \cdots + 2^{n-1} X_{n-1})\end{aligned} \quad \cdots (14.2)$$

スイッチには図 13.5 の伝送ゲートを使うことができる．

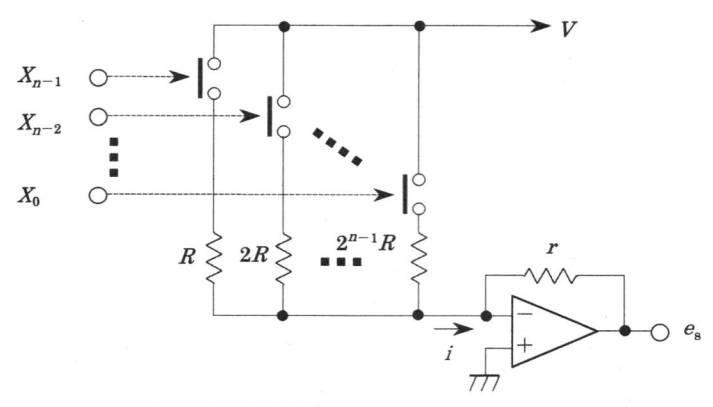

図 14.7　電流加算型 DA 変換

14.2.3　映像の DA 変換

電流加算型 DA 変換によりディジタル映像信号をアナログ映像信号に変換する。電流加算型 DA 変換では出力の位相が反転しているので、あらかじめ信号の極性を反転しておく必要がある。もしくは、アナログに変換した後に位相を反転させる必要がある。

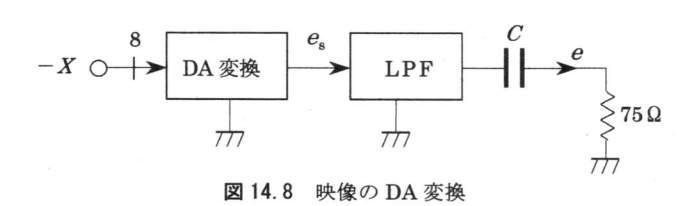

図 14.8　映像の DA 変換

また、DA 変換器の出力には多くのノイズや高調波を含むので、LPF を通して滑らかな信号を得る必要がある。

さらに、映像信号は直流を除去してインターフェースするのでキャパシタ C が出力に挿入されている。そして信号を受ける場合は 75Ω で受信することになっているので、キャパシタ C の容量や LPF の出力インピーダンスを低くしなければならない。

14.2.4 DA変換の計算

(1) 図14.7の電流加算型DA変換により8ビットで映像をアナログに変換する。MSBでの抵抗Rを200Ωとすると、LSBでの抵抗はいくらか。

　　文字式　$2^{n-1}R$
　　計算式　$2^{8-1} \times 200 = 25600$
　　結果　　25.6 kΩ
　　説明　　電流加算型DA変換ではMSBの抵抗とLSBでの抵抗の比が大きいため、高精度な抵抗を揃えることが難しい。したがって精度は低い。

14.3　AD変換DA変換の知識

14.3.1　逐次比較型AD変換

DA変換を使うことによってAD変換を構成することができる。図14.9に例を示した。

カウンタをリセットするとDA変換の出力が0になる。つぎのクロックがきたとき入力eが0以上だと、スイッチは閉じているのでクロックがカウントアップされる。これをくり返してDA変換の出力がeになると、スイッチは開いてカウントが停止する。つぎのサンプリングをするとき、またカウンタをリセットする。これをくり返すとサンプリング期間のカウンタの最大値がDA変換の出力になる。バイナリカウンタを使うと出力は2進数を得ることができる。

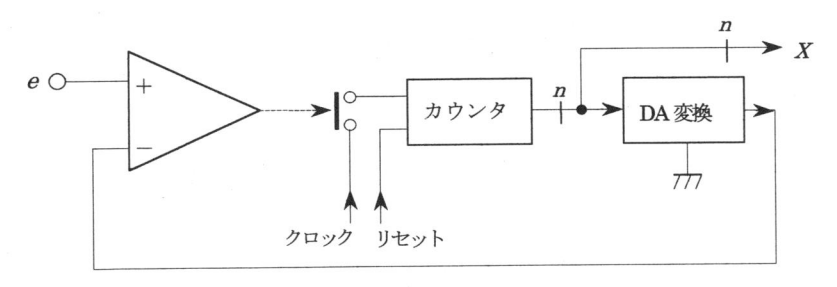

図14.9　逐次比較型AD変換

14.3.2 ラダー抵抗型 DA 変換

このラダー型 DA 変換は，R と $2R$ の組み合わせで構成している。抵抗の比が小さいため，抵抗の比の精度を高くすることができる。すなわち，高精度な DA 変換が可能である。

図 14.10 ではスイッチが接続された抵抗は常に接地されている。オペアンプの入力端子がイマジナリーヌルになっているからである。その結果，電圧が V の接点では $2R$ が 2 本接地されているので，R が 1 本で接地されているのと等価である。したがって，V の接点では R と R で分圧されたと考えられる。つまり分圧される前は $2V$ である。このように抵抗を左にたどると，接点ごとに電圧が倍になり，重み付けを得ていることがわかる。

ここで反転増幅回路の基本ゲイン A を $r/2R$ とすると，出力はつぎのようになる。すなわち，図 14.10 の回路で DA 変換が可能である。

$$e_s = -VA(X_0 + 2X_1 + \cdots + 2^{n-1}X_{n-1}) \quad \cdots(14.3)$$

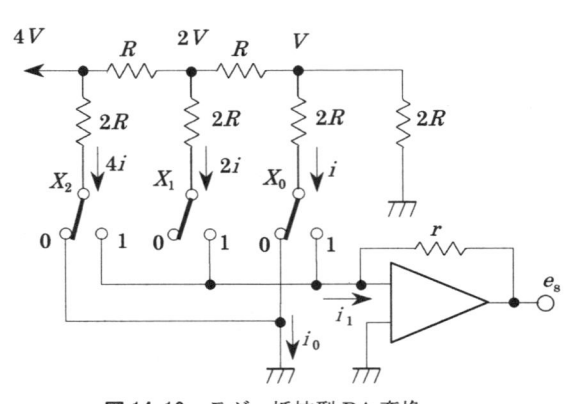

図 14.10 ラダー抵抗型 DA 変換

参 考 文 献

[第1章] [第2章]
- 川上正光：基礎電気回路, コロナ社（1964）
- 吉永敦 編：アナログ回路, オーム社（1998）

[第3章]
- 柳沢健 監訳：アナログフィルタの設計, 秋葉出版（1986）
- 三上直樹：ディジタル信号処理の基礎, CQ出版社（1998）

[第4章]
- 川上正光：基礎電気回路, コロナ社（1964）
- 山崎亨：電子回路, 森北出版（2000）

[第5章]
- 深海登世司：半導体工学, 東京電機大学出版局（1987）
- 山崎亨：電子回路, 森北出版（2000）

[第6章]
- 山崎亨：電子回路, 森北出版（2000）
- 小牧省三 編著：アナログ電子回路, オーム社（2002）

[第7章]
- 富沢孝 松山泰男 監訳：CMOS VLSI設計の原理, 丸善（1995）
- 日本工業標準調査会：JIS C 0615-5 電気用図記号 第5部半導体及び電子管, 日本規格協会(1999)

[第8章]
- 山崎亨：電子回路, 森北出版（2000）
- 小牧省三 編著：アナログ電子回路, オーム社（2002）

[第9章]
- 吉永敦 編：アナログ回路, オーム社（1998）
- 小牧省三 編著：アナログ電子回路, オーム社（2002）

[第10章]
- 柳沢健 監訳：アナログフィルタの設計, 秋葉出版（1986）
- 山崎亨：電子回路, 森北出版（2000）

[第 11 章] [第 12 章]
- 吉永敦 編：アナログ回路, オーム社 (1998)
- 小牧省三 編著：アナログ電子回路, オーム社 (2002)

[第 13 章]
- 富沢孝 松山泰男 監訳：CMOS VLSI 設計の原理, 丸善 (1995)
- 山崎亨：電子回路, 森北出版 (2000)

[第 14 章]
- 三上直樹：ディジタル信号処理の基礎, CQ 出版社 (1998)
- 吉永敦 編：アナログ回路, オーム社 (1998)
- 小牧省三 編著：アナログ電子回路, オーム社 (2002)

事項索引

AC *15*
AD 変換 *181*
AM 変調 *151, 162*
AM ラジオ *48*

BPSK *164*

CMOS IC *115*
CMOS 伝送ゲート回路 *173*
CMOS 論理ゲート回路 *171, 175*
CR 発振回路 *147*

DA 変換 *184*
D フリップフロップ *180*

ESD ダイオード *78*

FM 復調回路 *161*
FM 変調 *157*

HEMT *106*

J-K フリップフロップ *180*

MES FET *106*
MOS *104*
MOS FET *104*
MOS 電界効果トランジスタ *104*
MOS トランジスタ *93*
MOS トランジスタの等価回路 *94*

nMOS *104, 172*
npn トランジスタ *88*
n 型半導体 *75*
n チャネル接合型 FET *103*
n チャネルトランジスタ *93*
n チャネル MOS FET *104, 172*

OP アンプ *124*

pMOS *104, 172*
pnp トランジスタ *88, 89*
p 型半導体 *75*
p チャネル接合型 FET *103*
p チャネル MOS FET *104, 172*

Q *35, 47*
QAM *165*
QPSK *164*

R-S フリップフロップ *178*

SAW フィルタ *150*
S カーブ *159*

TTL *169*
TTL 論理ゲート回路 *169*
T フリップフロップ *180*

ア　行

事項索引

アクセプタ　*75*
アクセプタ準位　*76*
アクティブフィルタ　*129*
アナログIC　*116*
アナログフィルタ　*53*
アノード　*69*
アルカリ電池　*9*

位相　*22*
一次電池　*8*
イマジナリーヌル　*119*
インダクタ　*17, 31*
インダクタンス　*17, 32*
インピーダンス　*22, 25*

ウイーンブリッジ発振回路　*147*

映像信号　*63*
映像のDA変換　*186*
エミッタ接地　*84*
演算増幅器　*124*
エンハンスメント型　*104*

オームの法則　*1, 15*
オペアンプ　*119, 124*
音質調整　*130, 132*

カ行

化学電池　*8*
拡散　*76*
角周波数　*15*
加減算回路　*126*
画質調整回路　*59, 62*
画像信号　*64*
カソード　*69*
カットオフ周波数　*18, 21*

価電子帯　*76*
カラーコード　*12*

帰還　*119*
記号演算法　*25*
起電力　*6, 9*
キャパシタ　*19, 28*
共振　*46*
共有結合　*75*
極座標表示　*25*
虚数部　*22*
キルヒホッフの第1法則　*3*
キルヒホッフの第2法則　*5*
禁止帯　*76*
禁制帯　*76*
金属皮膜抵抗器　*13*

グレイ符号　*167*

ゲイン　*37, 38, 86*
ゲインファクタ　*94*
ゲート接地　*100*
ゲート電極　*102*
桁記号　*1*
減衰器　*39*

高音スピーカ回路　*20, 43, 45*
合成抵抗　*4, 6*
高調波　*161*
交流抵抗　*17, 20*
コルピッツ発振回路　*143*
コレクタ接地　*82*
コンスタレーション表示　*166*

サ行

最大周波数偏移　*158*

事 項 索 引

差動ゲイン　*108*
差動増幅　*107*
差動増幅回路　*107, 110*
酸化金属皮膜抵抗　*13*
三角波　*141*
サンプリング　*181*
サンプルホールド　*182*

時間　*16*
実行値　*16*
実数部　*22*
時定数　*58, 61*
遮断域　*51*
周期　*16*
周波数　*16*
周波数特性　*42*
周波数変調　*157*
出力抵抗　*83*
ショットキバリアダイオード　*78*
枝路　*5*
振幅　*15*
振幅変調　*151*

水晶振動子　*149*
垂直同期信号　*66*
水平同期信号　*66*
水平偏向回路　*64*
スレッショルド　*93*

正帰還　*141*
整流回路　*72*
積分回路　*57, 66, 127*
絶対温度　*70*
接点　*3*
ゼナーダイオード　*78*
遷移域　*51*
線形領域　*95*

双安定回路　*177*
走査　*63*
ソース電極　*102*
ソース接地　*98*
素子分離技術　*114*
ソフトウエア　*181*

タ　行

ダイオード　*69*
立ち上がり時間　*58*
立ち下がり時間　*61*
炭素皮膜抵抗　*13*

遅延器　*53*
遅延時間　*58, 61*
遅延フィルタ　*133*
逐次比較型 AD 変換　*187*
チップ型抵抗器　*13*
チャネル　*93, 102*
直流回路　*1*
直列インピーダンス　*23, 25*
直交位相変調　*164*

通過域　*51*

低音スピーカ回路　*18, 40, 42*
抵抗　*1*
抵抗値　*11*
抵抗の直列接続　*5*
抵抗の並列接続　*3*
ディジタルフィルタ　*53, 55*
ディジタル変調　*164*
デプレッション型　*104*
デュアルゲート MOS FET　*105*
電圧　*1*
電圧制御型デバイス　*103*

事項索引

電位障壁　77
電界効果トランジスタ　93, 102
電子の電荷　70
伝送ゲート回路　175
伝達関数　37
電池　8
電池の等価回路　6
伝導帯　76
電流　1
電流加算型 DA 変換　185
電流制御型デバイス　103
電流増幅率　80

同期信号　66
動作点　70
動抵抗　70, 94
ドナー　75
ドナー準位　76
トランジスタの等価回路　80
トランスファ・ゲート　175
トランスミッション・ゲート　175
ドレイン接地　96
ドレイン電極　102

ナ　行

ナイキスト周波数　182

ニカド電池　10
二次アクティブフィルタ　135
二次電池　8, 10
二次ハイパスフィルタ　138
二次ローパスフィルタ　136
ニッケル水素電池　11
入力抵抗　83

ノッチフィルタ　49

ノッチフィルタ回路　50

ハ　行

ハイパスフィルタ　43, 56, 60, 131
ハイパスフィルタ回路　43
バイポーラ IC　113
バイポーラトランジスタ　79, 107
波形　15
バターワースフィルタ　137
発光ダイオード　78
発振回路　141
バラクタダイオード　78
パルス回路　57
パルス幅　58
搬送波　151, 162
反転増幅回路　119
反転増幅型ハイパスフィルタ　131
反転増幅型ローパスフィルタ　129
バンドパスフィルタ　46
バンドパスフィルタ回路　46
バンド幅　48

非反転増幅回路　122
微分回路　67

フィルタ　37
負荷　1
負帰還　119
復調　151, 155
符号化　180
フリップフロップ　177
プレーナ型　90

並列インピーダンス　27
並列比較型 AD 変換　183
閉路　5

ベース接地　*86*
ベクトル演算法　*25*
変調　*151, 162*
変調率　*151, 163*

方形波　*57*
ホール　*75*
包絡線　*152*
包絡線復調回路　*155*
ホーロー被覆抵抗　*13*
飽和領域　*97*
ボルツマン定数　*70*

マ　行

巻線抵抗　*13*
マルチバイブレータ　*141, 177*
マンガン乾電池　*9*

ミラー回路　*108*

無安定回路　*177*

メサ型　*89*

ヤ　行

有効電圧　*94*

容量　*20*

ラ　行

ラダー抵抗型 DA 変換　*188*

リアクタンス　*17, 20, 25*
リチウム電池　*9*
量子化　*180*

レーザーダイオード　*78*

ローパスフィルタ　*40, 54, 57, 129*
ローパスフィルタ回路　*40*
論理回路　*169*
論理ゲート　*169, 176*
論理ゲート回路　*170*
論理値　*57*

〈著者略歴〉

小島正典

1967年大阪大学基礎工学部電気工学科卒業。1967年三菱電機株式会社入社、2000年同社プロジェクション統括部次長などを経て退職。同年三菱電機セミコンダクタ・アプリケーション・エンジニアリング株式会社技監、2002年大阪工業大学情報科学部情報システム学科教授。現在に至る。博士（工学）（1995年）
著書に「アナログ回路」オーム社（共著）、「基礎信号処理」米田出版などがある。

高田　豊

1961年九州大学工学部通信工学科卒業。1961年三菱電機株式会社入社、1981年同社京都製作所ビデオ技術部長、1991年同社京都製作所ハイビジョン開発部長、1993年同社映像システム開発研究所副所長、1995年同社AV統括事業部技師長などを経て定年退職。1998－2000年株式会社ディレク・ティービー。
著書に「メディアの融合」産業図書（共著）、「わかりやすい暗号学」米田出版、「デジタルテレビ技術入門」米田出版（共著）などがある。

基礎アナログ回路

2003年 3月10日　初　　版
2009年 8月20日　第 4 刷

著　者　………………　小　島　正　典
　　　　　　　　　　　　高　田　　　豊
発行者　………………　米　田　忠　史
発行所　………………　米　田　出　版
　　　　　　　　　〒272-0103　千葉県市川市本行徳31-5
　　　　　　　　　電話　047-356-8594
発売所　………………　産業図書株式会社
　　　　　　　　　〒102-0072　東京都千代田区飯田橋2-11-3
　　　　　　　　　電話　03-3261-7821

ⓒ　Masanori Kojima　　2003　　　　中央印刷・山崎製本所
　　Yutaka Takata

ISBN978-4-946553-15-8　C3055